책과 가까워지는 아이 책과 멀어지는 아이

박은영 지음

출판

책과 가까워지는 아이
책과 멀어지는 아이

제1판 1쇄 발행 | 2008년 10월 10일
제1판 4쇄 발행 | 2013년 4월 5일

지은이 | 박은영
펴낸이 | 박성우
펴낸곳 | 청출판
주소 | 경기도 파주시 문발동 594-10 1F
전화 | 070)7783-5685
팩스 | 031)945-7163
전자우편 | sixninenine@daum.net
등록 | 제406-2012-000043호

ISBN | 978-89-92119-08-5 13590

※파본이나 잘못된 책은 바꿔 드립니다.

그림책 읽어주는 엄마

아이를 키운다는 것은 끊임없는 자기 수양의 과정이라는 말을 들었을 때, 무릎을 쳤던 기억이 납니다. 그렇지요. 하루에도 열두 번 참을 인자를 새기고 또 새겨도 결코 쉽지 않은 것이 육아가 아니던가요?

그림책 육아의 과정에서도 자기 수양을 되새겨야 할 순간순간들이 참으로 많습니다. 대개의 경우 부모 스스로의 욕심에서 비롯하여 다친 마음을 닦고 또 닦아야 할 때가 그것이지요. 우리 아이의 독서력이 이웃 아이보다 뒤처진다 느껴질 때, 엄마의 기대치만큼 아이가 덥석 따라와 주지 못할 때 속상하고 문드러지는 마음을 누가 알까요?

그림책 카페를 통해 많은 엄마들과 그 문드러지는 마음을 함께 고민해 왔습니다. 그 과정에서 뼈저리게 배울 수 있었지요. 내 아이가 행복하게 책을 읽을 수 있는 바탕에는 욕심을 쏙 뺀 엄마의 그림책 육아법이 있더라는 것을요.

그림책 육아의 중요성이 강조되면서 어린 내 아이에게도 책을 읽어주겠노라는 부모들을 만나는 것은 어려운 일이 아닙니다. 문제는 읽히되 어떻게 읽히느냐일 터인데, 여러 부모들이 행하는 그림책 육아의 방법에 상당히 염려스러운 부분이 많은 것 또한 현실입니다. 그중에서도 부모의 욕심을 앞세운 경쟁적인 책 읽히기는 그야말로 치명적이라 할 만합니다. 책 잘 읽는 아이로 만들겠다는 의도와는 상관없이 그것이 오히려 아이에게 독이 된다는 사실을 간과하고 있는 부모들을 보는 것은 안타까운 일이지요. 어쩌면 그림책 육아에 무관심한 부모보다 그림책으로 거세게 밀어붙이는 부모가 더욱 어렵다는 생각이 듭니다.

입가에 미소를 머금고 머루알 같은 눈을 반짝이며 그림책을 읽는 아이를 보면서 부모는 자기 수양의 의지를 다져야 합니다. 남들보다 한 권 더 읽는 것, 남들보다 한두 단계 더 높은 수준의 책을 읽는 것에 욕심을 부리지 않겠노라고. 단 한 권의 책에서도 즐거움을 경험하고 진정으로 감동하고 교감할 수 있다면 충분히 녀석은 만족스러운 책읽기를 하고 있는 것이라고. 그것이 결국은 내 아이가 평생에 걸쳐 책을 즐길 수 있는 그림책 육아 방법론의 해법이라고.

그림책 카페에서 많은 부모들과 함께 고민했던 이야기들을 정리하여 살을 붙이고 거기에 새로운 이야기들을 보태었습니다. 이 책이 부모에게는 그림책 육아의 놀라움을 경험케 하며, 아이에게는 그림책 읽기의 즐거움을 경험케 하는 데 조그마한 보탬이 되기를 바라는 마음 간절합니다.

그림책의 세계에 눈을 뜨게 해 준 사랑하는 딸아이, 한 권의 책이 나오기까지 물심양면으로 도와준 남편과 부모님께 가장 먼저 감사의 마음을 전합니다. 더불어 제 그림책 육아의 동지들인 '그림책 읽어주는 엄마'의 회원들, 표지그림을 흔쾌히 그려주신 이경신 선생님, 그리고 예쁜 책이 나올 수 있도록 애써주신 청출판 관계자 분들께 깊이 감사드립니다.

2008년 10월 바다마을에서
박은영 드림

그림책은 소통이다

"엄마, 이 그림책 강추예요. 꼭 읽어 봐."

딸아이가 마지막 페이지를 막 넘긴 그림책을 불쑥 내밉니다. 머루알같이 까만 눈동자에 감동이 조르르 흐르고 있습니다. 녀석은 자신이 맛본 그 감동을 엄마도 똑같이 맛보기를 원하는 모양입니다. 지금 당장 읽어 보라고 닦달을 합니다.

딸아이의 손에서 제 손으로 옮겨진 그림책에는 '소통'이라는 새로운 의미가 부여됩니다. 녀석의 작은 가슴을 파르르 떨게 한 그만큼의 감동을 저 또한 고스란히 받을 수 있을지는 모르겠으나, 적어도 딸아이의 심금을 울린 그림책을 정성껏 읽어가며 저는 녀석의 마음 언저리에 가닿을 수 있을 테니까요. 순간, 딸아이와 저 사이의 보이지 않는 마음길이 환해진 느낌입니다.

처음 딸아이에게 그림책을 읽어준 것은 녀석 8개월쯤이었습니다. 정확히 말하자면 책을 읽어 주었다기보다는 장난감 삼아 몇 권의 그림책을 던져준 것이었지요. 고속열차를 통째로 삶아 먹기라도 한 듯 밤낮없이 울어대는 녀석을 어르고 달래고 먹이는 것만으로도 허덕허덕 힘에 부쳐했던 그야말로 생초보 엄마 시절이었습니다. 딸아이는 기질적으로 잠이 적고 무척이나 예민한 아이였던지라 대책 없이 우는 녀석을 붙들고 앉아 함께 울기도 여러 번이었습니다. 사정이 그러하니 딸아이를 무릎에 앉히고 여유롭게 그림책을 읽어준다는 것은 상상할 수도 없었습니다. 아니요, 아니요. 좀 더 뼈아프게 고백하자면 그 모든 이유는 둘째치고라도 말랑쟁이 어린 아기에게 그림책을 읽어주는 것이 무슨 의미랴 싶었습니다. 그만큼 저는 그림책으로 아이를 키우는 것에 대해 무지하기 이를 데가 없는 엄마였던 것이죠.

부끄럽게도 저의 그림책 육아는 특별한 방향도 목적도 이유도 없이 얼렁뚱땅 그렇게 시작되었습니다. 더욱 부끄럽게도 이후 한참 동안 그림책이 저와 딸아이 사이에 갖는 의미를 깨닫지 못하고 있었습니다. 물고 빨고 페이지를 넘기는 것이 그림책이 지닌 온전한 즐거움인 줄 알고 있던 딸아이가 어느 순간 그림책에 담긴 이야기를 궁금해 하고 읽어 달라 졸라대며 눈만 뜨면 그림책부터 찾아대던 폭풍 같은 시기를 거치면서도 딸아이에게 그림책을 읽어준다는 행위가 우리 둘 사이에 어떤 의미를 갖고 있는지 명확히 알지 못했으니까요.

그날도 딸아이에게 책을 읽어주고 있었습니다. 김용택 시인의《나비가 날아간다》라는 동시 그림책이었지요. '느티나무 잎이 다 진 겨울날 / 시골 할머니 집에 가서 할머니랑 마루에 앉아 / 느티나무에 하얗게 내리는 눈을 / 오래오래 바라보았습니다'라는 대목에서 저는 그만 눈물을 펑펑 쏟고 말았습니다. 몇 해 전 돌아가신 할머니가 불현듯 사무치게 그리워졌거든요. 책을 읽어주다 말고 갑자기 눈물을 쏟고 있는 제게 딸아이는 고사리 같은 손으로 눈물을 닦아 줍니다.

"엄마, 왜 그래? 왜 그래?"

녀석의 목소리에도 눈물기가 묻어 있습니다. 돌아가신 할머니가 그리워 울었다는 말을 끅끅 울음을 삼키며 답을 해 주었습니다. 이후 딸아이는 그 책을 볼 때마다 잊지 않고 말합니다. 엄마가 노할머니 생각에 울었던 그림책이라고요. 그 작은 손으로 가슴께를 통통 치며 자기도 여기가 아팠다고 합니다.

무딘 엄마, 비로소 딸아이에게 그림책을 읽어준다는 것의 의미를 깨닫습니다. 그림책을 통해 지금껏 우리는 감정을 소통하고 공유하는 경험을 쌓아가고 있다는 것을요. 슬픈 대목에서는 함께 훌쩍거리고 깔깔거리는 대목에서는 둘이 함께 배꼽을 움켜잡으며 우리 둘은 소통의 추억을 차곡차곡 쌓아가고 있었다는 것을요.

어쩌면 딸아이는 그림책 그 자체가 주는 재미보다도 엄마와 함께 살을 맞대고 동일한 감정을 공유하며 교감하고 있는 그 시간을 더욱 즐거워하는지 모르겠습니다. 함께한 그 시간들이 켜켜이 쌓여 딸아이와 저 사이의 마음길을 밝히는 환한 가로등이 되고 있을지도 모르겠습니다.

그림책은 소통의 매개체입니다.

엄마의 무릎에서 엄마의 목소리를 통해 책을 읽을 때는 물론이거니와 더 이상 엄마의 목소리를 필요로 하지 않는 미래의 그 어느 날에도 소통의 매개체로서 책의 역할은 여전히 유효할 것입니다. 아이가 읽는 책을 함께 읽는 엄마, 그때의 책이란 아이와 엄마 사이를 풀어가는 훌륭한 이야깃거리가 될 테니까요. 같은 책을 읽고 있다는 것, 더 나아가 그에 대한 서로의 담백한 느낌을 나눌 수 있다는 것만으로도 서로의 마음길을 타박타박 걸어보는 행복한 시간을 경험할 수 있을 테니까요. 더욱이 유아기적 그림책을 통해 부모와의 소통 경험을 충분히 쌓아 온 아이라면 책을 통해 부모와 교감하는 것을 스스럼없이 즐거워할 것입니다. 단언컨대 이것은 그림책이 지니고 있는 수많은 가치 중 최상의 것이 아닌가 싶습니다.

오늘도 딸아이는 뒤표지를 막 덮은 그림책을 불쑥 내밉니다.

"너무 감동적이야. 엄마도 꼭 읽어 봤으면 좋겠어요."

소통의 가로등 하나가 반짝 불을 밝힙니다.

차례

들어가기 전에 그림책 읽어주는 엄마
프롤로그 그림책은 소통이다

3장. 그림책, 어떻게 확장할까?

에필로그 그림책이 아이를 키운다

※ 연령별 추천 그림책과 그림책 육아법(0~2세)
※ 연령별 추천 그림책과 그림책 육아법(3~4세)
※ 연령별 추천 그림책과 그림책 육아법(5~7세)

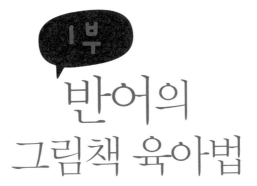

1부

반어의
그림책 육아법

책을 좋아하는 아이로 키우는 비법이 무엇이냐, 누군가 제게 물어온다면 주저 없이 해 줄 수 있는 저의 첫 번째 대답은 다음과 같습니다.

하지 말아야 할 것들을 하지 않기.

아이들의 입맛을 사로잡는 초콜릿처럼 달콤하고 유혹적인 방법론을 기대하셨 다면 분명 실망할 대답임을 저도 잘 알고 있습니다. 그러나 분명한 것은 그림 책 육아를 함에 있어 하지 말아야 할 것들을 하지 않는 것처럼 근본적이며 중 요한 방법론 또한 없다는 사실이지요. 비유컨대, 이유식을 시작하는 아기에게 먹이지 말아야 할 음식이 무엇인지를 아는 것 자체가 이유식에 관한 중요한 지 식이 되는 것처럼 말입니다.
1부에서는 그림책 육아에 있어 결코 하지 말아야 할 것이 무엇인지, 그리고 그 이유는 무엇인지를 짚어 봄으로써 올바른 그림책 육아의 방법론을 큰틀에서 살펴보고자 합니다. 반어적 제목이 주는 날카로움을 느껴보시길.

1 그림책은 영유아용 교과서, 가르쳐라

　수많은 교구와 학습지 심지어는 어린이집 이름에까지 영재(英才)라는 단어가 따라붙는 세상입니다. 그래서일까요? 지극히 가치중립적인 단어임에도 언제부터인가 '영재' 소리를 들으면 얼굴부터 찌푸려지니 아무래도 단어가 지닌 상업적 뉘앙스 때문이 아닌가 싶습니다. 그림책도 예외가 아니어서 열과 성을 다해 읽어주면 내 아이 또한 영재라는 타이틀을 얻을 수 있다고도 합니다. 우리 아이 초등 입학 전까지 몇 권의 그림책을 읽었더니 영재 소리 듣게 되었더라는 경험담도 심심찮게 들려옵니다.

　그림책이 지닌 학습적 효과는 두말하기에 입만 아픕니다. 많은 전문가들은 그림책을 통해 창의력, 이해력, 어휘력, 집중력 등등을 얻을 수 있다 합니다. 내 아이가 반드시 갖추었으면 싶은 요소요소를 그림책을 읽어주는 것만으로도 수월히 갖출 수 있다 하니 그림책이란 군침이 쏙 돌 정도로 참으로 매력적인 학습 도구가 아닌가 싶습니다. 게다가 수많은 자녀교육 성공서에 등장하는 훌륭한 역할 모델들은 또 어떠한가요? 재능을 보이는 분야와는 상관없이 하나같이 책을 좋아한다는 공통점을 바탕으로 깔고 있습니다. 사정이 이러하니 내 아이에게도 그림책을 열심히 읽혀야겠다는 목적의식에 불끈불끈 탄력을 받을 수밖에요.

제 주변에서도 똑똑한 아이, 공부 잘 하는 아이로 만들겠다는 목적을 향해 그림책을 읽어주고 있는 부모들을 만날 수 있습니다. 이들은 대개 학습 진도표를 짜듯이 그림책 스케줄을 꼼꼼히 짜서 진행해 나갑니다. 각 영역별 그림책 목록을 작성하고 추천 개월 수에 맞춰 착착 들여 주기를 잊지 않습니다. 물론 그림책 육아에 관해 열정과 관심을 가지고 있는 부모의 노력을 폄하하자는 뜻으로 하는 말이 아닙니다. 분명 그림책마다 성격과 난이도가 다르니 그에 대한 정보를 잘 챙겨서 아이의 독서력에 맞는 책을 골라주는 것은 부모로서의 의무이기도 하니까요.

그러나 그림책이 지닌 다양한 가치들을 젖혀두고 그중 학습을 최우선에 두는 것에는 결코 동의할 수가 없습니다. 아이에게 그림책이란 녀석의 주변에서 선택을 기다리는 수많은 놀잇감 중 하나로서 의미 있을 뿐이니까요. 취학 전 아동을 위한 몇 년짜리 선행학습의 도구라든지 혹은 재미라는 달콤함으로 포장된 영유아용 교과서가 될 수는 없다는 뜻입니다. 결코 그리 되어서도 곤란할 것입니다.

물론 독서 교육을 함에 있어 그림책이 지닌 학습적 측면을 고려하지 않을 수는 없습니다. 그림책을 읽힌다는 행위 자체는 이미 어떤 형태로든 교육적 목적을 내포하고 있기 때문입니다. 하기야 아이들은 보고 듣는 모든 것에서 배우는 존재들이니 그들에게 의도적으로 보여주는 그림책은 분명 교육적 목적이 다분할 수밖에 없습니다. 문제는 그림책이 지닌 광범위한 교육적 가치 중 학습적 측면에만 무게중심을 두는 것을 경계하고자 함입니다. 많은 엄마들이 그림책을 통해 얻게 되기를 바라는 학습적 효과란 그림책의 수많은 교육적 효과 가운데 하나일 뿐이지, 그것이 곧 나머지를 대표하는 전체일 수는 없기 때문입니다.

게다가 아이들을 생각해 보세요. 철저히 녀석들의 눈높이에서 바라본다면 아이들이 그림책을 읽는 이유는 오로지 즐겁기 때문이겠지요. 같은 그림책을 앉은자리에서 또, 또, 또 읽어줘를 외쳐댈 적에 녀석은 분명 책을 통해 대단한 재미를 맛보고 있는 중일 것입니다. 하기야 재미없는 것을 꾹 참고 있을 아이들도 아닐뿐더러 녀석들이 뭔가를 배워야겠다는 목적으로 그림책을 붙들고 있는 것은 더더욱 아닐 테니까요.

그런데도 그림책을 읽어주면 빨리 한글을 뗄 수 있다니까, 학교 들어가면 공부를 잘 하게 된다니까, 논술을 잘 하려면 어릴 때부터 책을 읽어놓아야 한다니까 등등의 불순한 목적을 앞세워 그림책을 읽히려 한다면 더 이상 그림책은 즐거운 놀이가 될 수 없을 것입니다. 비약적인 구석이 있겠으나 이는 시험에서 좋은 성적을 얻기 위해 교과서를 달달 읽는 것과 크게 다를 바가 없을 테지요.

무엇보다 이러한 방식은 부모의 기대치와는 달리 아이가 책으로부터 멀어지는 지름길이 될 수도 있다는 점에서 심각성이 있습니다. 이유를 생각해 볼까요? 학습을 앞세우는 책읽기는 좀체 여유로울 수 없습니다. 아이가 하루에 읽은 책의 권수에 연연하게 되고 평소보다 좀 덜 읽는다 싶은 날엔 은근슬쩍 초조해지기도 하며, 때로는 다른 놀이에 빠져 있는 아이에게 책읽기를 강요할 수도 있습니다. 아무리 그림책이 아이들의 눈을 사로잡는 매력적인 즐거움을 갖고 있다 하더라도 강요된 즐거움은 더 이상 즐거움이 아니겠지요. 어린 시절부터 책 읽기를 강요당한 아이가 어른이 되어 자발적으로 책을 즐길 확률은 과연 얼마나 될까, 긍정적인 대답이 나올 것 같지 않습니다.

아이들은 참으로 예민한 감각을 가지고 있지 않던가요? 엄마의 눈빛과 말투, 표정 하나만 보고도 엄마의 기분과 생각을 금세 눈치채는 녀석들이니까요. 엄마가 나와 즐겁게 놀아주기 위해 책을 읽어주는 것인지 아니면 뭔가를 가르치기 위해 책을 읽어주는 것인지 날카로운 눈을 가진 녀석들이 모를 리 없습니다.

그림책을 통한 학습이란 그림책을 자유롭게 즐기는 과정에서 저절로 이루어지는 것이지 그것을 최상의 목적으로 내세웠기 때문은 아닙니다. 마치 즐겁게 먹은 음식이 나도 모르는 사이 내 몸 구석구석의 피가 되고 살이 되는 것처럼 말이지요. 생각해 보세요. 만약 피와 살을 만들어야겠다는 분명한 목적을 앞세워 놓고 음식을 먹어야 한다면 매일 매일의 밥상머리가 얼마나 곤혹스러울까요?

그러니 부모들이여!

남들보다 더 똑똑한 아이, 공부 잘 하는 아이로 만들겠다는 목적을 향해 그림책을 읽어주지 마세요. 우리가 그림책을 통해 하나라도 더 가르치려 할 때, 아이들은 책으로부터 한 발자국씩 더 멀어지고 있을지도 모르니까요.

2 독서, 세상을 가르치는 최상의 방법

영아용 인지 관련 책을 보면서 피식 웃음이 나올 때가 있습니다.

그림책 속에는 흠집 하나 없는 빨간 사과 사진이 실려 있습니다. 만지면 매끈매끈한 사과 껍질 느낌이 나지요. 게다가 문지르면 사과 냄새까지 나기도 합니다. 사진 아래에는 굵고 단정한 글씨로 '사과'라고 쓰여 있습니다.

엄마는 자상하게 설명을 합니다.

"이건 빨갛고 새콤달콤한 사과야. 냄새 맡아 볼래? 달콤하지? 만져봐. 매끈매끈하지? 여기 사과라고 쓰여 있네, 사, 과!"

또박또박 글자를 짚어 읽어주기도 합니다.

그림책 육아를 함에 있어 지극히 바람직한 장면을 떠올리며 제가 피식거리는 것은 그림책을 통해 보고, 냄새 맡고, 만져 볼 것이 아니라 커다랗고 잘 익은 사과 하나를 아이 손에 쥐어주고 맘껏 물고 빨게 하는 것이 학습적인 측면에서 오히려 효과적이지 않을까 싶어서입니다. 사과는 냉장고 안에 고이 모셔 놓은 채, 엄마와 아이는 그림책만 들여다보고서 사과의 새콤달콤함을 이야기하는 상황이 어쩐지 아이러니하다는 것이죠.

물론 제가 인지 관련 그림책에 대해 툴툴거리려는 말이 아닙니다. 주변 친숙한 사물에 대해 관심을 보이는 영아기의 발달적 특성을 고려해 본다면, 이와 같은 사물 인지책은 오히려 책의 재미를 느끼게 하는 데 도움이 되니까요.

딴지의 핵심은, 많은 부모들이 아이가 사과 한 알을 손에 들고 그것을 물고 빨고 하는 것에는 큰 의미를 부여하지 않는 경향이 있다는 사실입니다. 그림책 속에 이미지화된 사과를 들여다보며 정제된 글을 읽어주는 것만이 고급의 배움이라 오해하는 것이지요. 곧 아이가 일상생활 속에서 자연스럽게 놀면서 터득하는 것은 배움이 아니며 돈을 들여 애써 배우는 것만이 진정한 앎이요 학습이라 생각한다는 것입니다.

그러다보니 아이 혼자 집 안 여기저기를 탐색하고 다니느라 바쁜 시간을 '방치' 내지는 부모로서의 '직무유기'라고 생각합니다. 하여 아이의 하루 24시간이 '방치'되지 않도록 끊임없이 어떠한 자극을 주어야 할 것이며, 그것이 부모로서의 중요한 의무라고 스스로를 채찍질합니다. 만약 그림책 육아를 중요한 모토로 세운 부모라면 쉼 없이 책으로 자극을 주어야 한다는 책임감에 시달릴 수도 있다는 것이지요.

그러나 행복하면서도 효과적인 그림책 육아는 아이의 지적 발달이 그림책을 통해서만 이루어진다는 생각을 버렸을 때 비로소 가능해집니다. 혹은 그림책을 통해 배우는 지식만이 고급 지식이라는 생각도 과감히 부려놓아야 합니다.

아이들은 놀이가 곧 학습이라고 합니다. 이 말은 아이들에게는 온몸을 부대끼며 노는 것이 곧 배움의 과정이라는 뜻으로 해석할 수 있습니다. 엄마의 화장품을 뒤지고, 싱크대 안으로 기어들어가 온갖 살림살이들을 간섭하고 나서느라 바쁠 때에도 녀석은 온몸으로 배우고 있는 중입니다. 그리고 그 과정을 통해 마음껏 세상을 경험하고 탐색한 아이라야 또 다른 앎에 대한 호기심을 풍성하게 갖게 될 수 있습니다.

아이가 바깥 놀이의 재미를 느끼기 시작하면 진득하니 앉아 그림책 읽는 시간이 전보다 적어지기 시작합니다. 눈만 뜨면 놀이터로 공원으로 뛰어나가 놀자고 엄마를 졸라대지요. 한번 나가면 도무지 들어올 생각을 하지 않으니 책 읽는 양이 전에 비해 눈에 띄게 줄어들 수밖에 없습니다. 엄마는 당황스러워집니다. 이렇게 책을 안 보다가 영영 책과 멀어지면 어쩌나 고민스럽다고 합니다. 많은 엄마들이 비슷한 고민을 털어놓고 그림책 육아의 어려움을 호소해 옵니다. 어떻게 하면 다시 예전의 책돌이, 책순이로 돌아가게 할까요라고요.

그런데 이런 생각 해 보셨어요?

오늘 우리 아이가 날려 보낸 민들레 홀씨, 우리 아이의 눈을 부시게 한 햇살, 우리 아이 목덜미를 간질인 바람…… 이 모든 것을 책으로 엮어 본다면 몇 권이나 될까요? 온몸의 감각을 열어놓고 자유롭게 노는 동안 아이가 경험한 수많은 자극들을 수치로 환산해 본다면, 과연 몇 권의 그림책을 읽은 것과 맞먹을까요?

아이는 그림책과 함께 크는 것이지, 그림책으로만 크는 것은 아니라는 사실을 결코 잊지 말았으면 좋겠습니다.

3 훌륭한 독서 환경, 책만 있으면 된다

한 엄마가 있었습니다.

아들을 특목고에 입학시켰다는 이웃집에 놀러 갈 기회가 있었습니다. 그 집에 들어서자 빽빽한 책들부터 눈에 띄었다는군요. 역시나 그 집 아들은 책읽기를 참으로 즐긴다 하였습니다. 별 어려움 없이 아이를 특목고에 보낼 수 있었던 원동력은 어려서부터 꾸준히 해 온 책읽기에 있었다는 조언까지 새겨들을 수 있었지요. 책의 중요성을 깨달은 엄마, 당장에 그림책부터 사들이기 시작했습니다. 얼마 지나지 않아 집은 웬만한 도서관이 부럽지 않을 정도로 그림책들이 넘쳐났습니다. 하지만 정작 그 책들의 주인인 아이들은 책을 읽지 않습니다. 풍부한 읽을거리라는 환경은 마련되었으되 아이들을 앉혀놓고 조곤조곤 책 읽어주는 시간을 애써 마련하지 않은 엄마였거든요.

훌륭한 독서 환경이란 곧 책이 많은 환경이라고 생각하는 부모들이 있습니다. 틀린 말은 아닙니다. 주변에 책이 많다는 것은 책과 친해질 기회 또한 그만큼 많다는 뜻이 되니까요. 그러나 훌륭한 독서 환경이라는 것이 오로지 책으로만 이루어지는 것은 아니라는 점 또한 틀림이 없는 사실입니다. 그림책으로 빽빽이 둘러놓는 것보다 더욱 중요한 것은 기꺼이 그 책들을 읽어주고 함께 즐거워하는 시간을 갖는 것입니다. 이것을 마련하지 않는다면 그림책이란 그저 비싼 벽지 노릇이라는 오명을 둘러쓸 수도 있으니까요. 그러니 아이의 독서력이란 책꽂이에 꽂힌 그림책의 권수와 무턱대고 일치할 것이라는 부모의 바람은 얼마나 순진한가요?

책꽂이에 꽂혀 있는 그림책이란 조리되지 않은 음식재료와 다를 바가 없는 날것 그 자체입니다. 하물며 갖은 음식재료라도 볶고 튀기고 조려서 아이의 입맛에 짝짝 맞게 요리해 놓았을 때, 아이의 젓가락은 접시로 향합니다. 그림책도 마찬가지입니다. 날것의 그림책에 적당히 간을 하고 으깨고 때에 따라 꼭꼭 씹어도 주는 노력의 시간을 거쳤을 때 아이는 비로소 책맛을 깨닫습니다. 이 시간이 축적되면 아이는 날것 그대로의 맛을 즐길 줄 아는 한 단계 위의 독서력을 갖추게 되는 것이지요. 때문에 그림책을 많이 사 주었음에도 우리 아이는 책을 좋아하지 않는다고 푸념하는 것은 푸짐한 음식재료만 보여주고 아이가 맛나게 먹어주지 않음을 고민하는 것과 마찬가지입니다. 맛있게 읽어주기라는 요리의 시간을 빼먹은 채 말이지요.

하지만 아이에게 꾸준히 그림책을 읽어주는 것은 참으로 고된 일입니다. 아이가 좋아하는 비디오를 틀어주거나 텔레비전을 시청하게 하거나 컴퓨터 게임을 하게 한다면 그동안 부모는 커피 한 잔의 휴식을 취할 수도 있을 터입니다. 그러나 그림책 읽어주기는 속수 무책 부모의 노동력과 시간을 필요로 합니다. 아이가 좋아할 만한 그림책을 고르는 일에서부터 원하는 만큼 읽어주는 일까지 하루 중 부모에게 배당된 얼마 되지 않는 편안한 시간을 반납해야 가능해집 니다. 게다가 아이가 원하는 책을 원하는 만큼 지치지 않고 무한반 복해 줄 수 있는 마음과 더불어 체력까지도 갖추어야 하지요.

"책이 이렇게 많으니까 아이가 책을 좋아하나 봐요."

개인적으로 듣기 불편해 하는 찬사입니다. 책이 많은 것은 딸아 이가 책을 좋아하기 때문이며 딸아이가 책을 좋아하는 것은 녀석에 게 책의 즐거움을 가르쳐주기 위해 저의 시간을 아낌없이 나눠 주 었기 때문입니다. 당장 한눈에 들어오듯이 책이 많기 때문에 책을 좋아하는 것은 결코 아니라는 것입니다.

마찬가지입니다. 책 읽기를 즐기는 이웃집 아이, 엄마의 휴식 시 간을 줄여가며 지쳐 떨어질 것 같은 반복의 시간을 견뎌내는 노력 을 통해 그 집 아이, 책과 스스럼없는 사이가 된 것입니다. 그럼에 도 우리는 이웃집 엄마의 보이지 않는 노력을 쉬이 간과하곤 합니다. 책꽂이에 꽂힌 책의 권수라는 시각적 결과물에만 연연하여 그 집의 책목록을 받아와 당장에 구입해 줄 고민을 할 뿐, 정작 이웃집 엄마 가 들인 노력의 시간만큼 우리 아이에게 투자할 생각을 잘 못하는 것입니다.

아이와 함께 한 권 두 권 책읽기를 즐기다 보면 책꽂이가 빽빽할 날은 금세 찾아옵니다. 물론 그 책꽂이에는 그림책뿐만이 아니라 책읽기의 즐거움을 가르쳐주기 위해 엄마가 들인 시간과 노력도 나란히 꽂혀 있겠지요. 그러므로 그림책을 많이 사 주었기 때문에 책읽기를 좋아하는 것이 아닌, 그림책을 읽어주기 위해 할애한 엄마의 시간이 많았기 때문에 책읽기를 좋아하는 아이로 자란 것이 정답일 것입니다. 다시 말해 아이의 독서력은 보유한 책의 권수가 아닌 책과 함께한 즐거운 시간의 양과 정비례 관계에 놓여 있다고 할 수 있습니다.

그러니 부모들이여, 훌륭한 독서 환경이란 반드시 많은 권수의 그림책으로만 이루어진다고 생각하지 마세요. 우리집을 무턱대고 도서관으로 만들기에 앞서 갖추어야 할 것은 즐거운 마음으로 꾸준히 그림책을 읽어주겠다는 단단한 마음가짐일 테니까요.

4 오로지 '그림책'만 고민하라

㉠ 저희 아이가 조금 있으면 두 돌이 됩니다. 두 돌 기념으로 그림책을 사주고 싶은데요, 집에 있는 그림책은 A, B, C 전집과 단행본 약간입니다. 지금 마음에 두고 있는 책은 창작동화인 D와 E, 그리고 자연관찰 전집 F예요. 일전에 집 근처 서점에 갔더니 저희 집에 자연관찰이 없다면 F전집을 추천하더라고요. 창작동화도 더 있어야 할 것 같고 자연관찰도 넣어줘야 할 것 같은데, 주머니 사정이 여의치 않아 고민스러워요. 어떤 그림책을 사주면 좋을까요?

㉡ 저희 아이가 조금 있으면 두 돌이 됩니다. 두 돌 선물로 그림책을 사주고 싶은데요, 책 선택이 고민스럽습니다. 저희 아이는 A진집을 참 잘 읽었고요, B전집은 그다지 좋아하지 않더라고요. 새 책에 대한 낯가림이 좀 있는 편이라 익숙한 그림책들 틈에 새 책을 조금씩 끼워서 읽히는 방법을 쓰고 있어요. a, b, c와 같이 그림이나 내용이 무섭다고 생각하는 그림책은 잘 안 보려고 하고

요, e, f, g처럼 동물들이 주인공인 아기자기한 그림책들을 좋아하네요. 이런 아이가 좋아할 만한 그림책은 어떤 게 있을까요? 단행본이든 전집이든 추천 부탁드립니다.

두 개의 질문이 있습니다.

아이의 두 돌 생일을 맞아 그림책을 선물해 주고 싶다는군요. 얼핏 비슷해 보이는 고민입니다만 고민의 내용을 꼼꼼 들여다보면 하늘과 땅처럼 큰 차이가 있습니다. 어때요? 여러분은 그 차이를 찾으셨어요?

㉠의 질문에는 '그림책'에 대한 고민은 있되 그 고민의 바탕에 정작 그림책을 읽을 '아이'는 없습니다. 즉 우리 집 책꽂이에 꽂혀 있는 그림책들의 목록과 사고 싶은 그림책에 대한 엄마의 욕구는 있으나, 정작 아이가 그 책들에 어떤 반응을 보이고 있는지에 대한 언급은 전혀 없다는 것이지요. 반면 ㉡의 질문은 '아이'를 바탕으로 '그림책'을 고민하고 있습니다. 기존의 그림책에 대한 아이의 반응과 책 취향을 꼼꼼히 체크함으로써 이후 넣어줄 그림책에 대한 방향을 잡아보고자 합니다.

많은 부모들의 고민이 ㉠과 같은 경우가 흔합니다. 이런 질문을 접할 때마다 저는 냉랭한 목소리로 타박하기를 잊지 않지요. 어째서 그림책을 읽을 '아이'는 보지 않고 '그림책'만 보느냐고요. 따뜻한 조언을 구하려던 부모들, 내심 머쓱해졌을지도 모르겠습니다.

영유아를 대상으로 하는 그림책들이 홍수처럼 쏟아져 나오는 요즘입니다. 그 종류가 어찌나 많은지 목록 적어놓고 밤새워 공부해도 모자랄 판이지요. 그래서일까요? 이런저런 그림책들에 대한 고민은 참으로 흔한데, 정작 내 아이가 어떤 취향을 가지고 있고 어느 정도의 독서력을 지니고 있는지를 바탕으로 한 그림책 고민은 흔치 않습니다.

육아의 시작은 아이에 대한 세심한 관찰에서 비롯된다고 합니다. 그림책으로 아이를 키우는 것도 다를 바가 없겠지요. 아이가 좋아하는 그림책들은 어떤 것이 있으며, 녀석은 지금 어떤 호기심에 빠져 있는지 독서력은 어느 정도의 단계에 올라와 있는지 세심하게 관찰한 후 그에 걸맞은 책을 넣어주는 것은 그림책 육아의 기본 중 기본일 것입니다.

그런데도 지금까지 아이의 독서 경험에 대한 배려 없이 우리 아이가 이제 두 돌이 되었으니 두 돌쟁이 아기에게 적합한 그림책을 넣어 주어야겠다든가, 내년이면 초등학교에 입학할 아이에게 어떤 책이 필요한지를 고민하며 보편적으로 추천된 여러 종류의 그림책들 중 하나를 일방적으로 선택하는 것은 그림책 육아의 기본에 어긋납니다. 내 아이에 책을 맞추는 것이 아닌, 책에 내 아이를 맞추고자 함이니 주객전도라는 표현을 이럴 때 쓰면 적합할는지요?

주객이 전도된 육아 고민을 한 가지 더 들어 보겠습니다. 자꾸자꾸 그림책을 사고 싶은 엄마의 책 욕심을 어찌하면 좋겠냐는 류의 질문이 그것이죠. 이와 같은 질문을 하시는 분들의 책꽂이를 들여다보면 대개 공통점이 있습니다. 이미 아이의 월령에 비해 지나치다 싶을 정도로 많은 그림책을 가지고 있을 뿐 아니라 지금껏 들여

준 그 책들을 충분히 활용하고 있지도 못하는 상태가 대부분이더라는 것입니다. 그럼에도 입소문난 이런저런 그림책들이 또 고민스럽다는 것이지요. 그럴 때마다 제 대답은 한결같이 독합니다. 엄마의 책 욕심 때문이라면 아이 책을 사지 말고 엄마 책을 사시는 게 어떠하겠냐고요.

좋다는 책 죄 사 주고 싶은 부모 마음을 이해 못하는 바는 아닙니다. 그러나 아이들의 취향과 독서 단계를 세심하게 고려하는 엄마의 노력 없이 그저 아이의 월령, 책에 대한 정보, 부모의 책 욕심을 바탕으로 그림책을 선택했을 경우, 그 책들이 아이에게 속속들이 사랑받기는 어려울 것입니다. 어쩌면 목돈 들여 이만큼 사 주었으니 너의 취향과 상관없이 꿀떡꿀떡 읽어주면 어떻겠냐는 은근한 압박으로 작용할 수도 있습니다.

자신의 생각을 명료하게 말로 표현하지 못하는 아이들입니다. 이 그림책은 나한테 너무 어려워, 조금 더 커서 읽을래요. 나는 아직까지 익숙한 그림책이 좋아요, 새 책은 싫어라는 말을 할 줄 모릅니다. 말로 표현할 줄 모르니 몸으로 표현할 수밖에요. 책이라도 좀 읽어줄라치면 마냥 싫다고 고개를 도리질 치고 저리로 도망가버리기 일쑤지요. 또는 따끈따끈 새 책은 외면한 채, 멀미나게 반복한 그림책만 또 내밉니다. 그런 아이를 보면서 부모는 고민합니다. 우리 아이는 왜 책을 좋아하지 않을까요?

아이를 보지 않고 그림책만 보고 가는 육아를 경계합니다. 고민의 중심에 아이가 놓여 있지 않고 그림책만 놓여있음을 또한 강력하게 경계합니다. 지금도 그림책 목록을 작성해 놓고 이 책 저 책을 죄 사고 싶어 마음이 팔랑거린다면 잠시만 숨을 돌리고 아이를 쳐다보세요. 얼마 전 넣어준 그림책들을 흠뻑 흠뻑 충분히 즐겼나요? 아이가 새 책이 필요하다 신호를 보내고 있나요? 혹 부모의 욕심 때문은 아닌가요?

5 한글, 무조건 일찍 떼고 보자

아이에게 더 빨리 글자를 익혀서 혼자 책을 읽으라고 하는 것은
찬성할 수 없습니다. 부모 자신의 언어로 말하고 전할 수 있는
좋은 기회 – 그것은 인간으로서 해야 할 가장 소중한 행위이며,
부모로서의 최대 의무이기도 한 것 – 를 스스로 포기하는, 어리
석기 짝이 없는 일입니다.

-《어린이와 그림책》중

아이가 학년이 올라가더라도 할 수만 있다면 읽어주는 것이 좋다
고 봅니다. 책을 읽어주면서 아이가 어떤 책을 좋아하는지도 알
게 되고 아이의 독서력도 확인할 수 있으니까요. 또 이야기를 들
려주면서 아이와 교감을 나눌 수도 있겠지요. 이런 과정을 충실
하게 거치면 학습지를 하는 것보다 훨씬 효과가 있을 것입니다.
책 읽어주는 것에는 나이 제한을 둘 필요가 없습니다. 할 수만
있다면 어른이 되어서도 읽어주면 좋지요.

-《아이 읽기, 책 읽기》중

듣기 수준과 읽기 수준이 현저하게 차이가 난다는 사실을 확인했으니, 아이가 자라서도 책을 꾸준히 읽어주어야 하는 이유는 분명하다. 아이에게 책을 읽어주게 되면 부모와 자녀, 그리고 교사와 학생 사이에 정서적 유대감도 형성된다. 또한 아이의 귀에 고급 단어를 넣어 주어 그 아이가 눈으로 책을 읽을 때 단어를 쉽게 이해하도록 도와주는 것이다.

－《하루 15분, 책 읽어 주기의 힘》 중

그림책을 읽어주는 부모들의 공통된 바람 중의 하나가 빨리 한글을 깨쳐 아이 스스로 그림책을 읽었으면 한다는 점임을 생각할 때, 아이의 나이와는 상관없이 가능한 오랫동안 부모가 책을 읽어주라고 한결같이 권하는 전문가들의 말을 귀담아 들을 필요가 있습니다.

대개의 부모들이 아이가 한글을 빨리 깨치기를 바라는 데에는 두 가지 이유가 있습니다. 하나는 한글을 빨리 깨치면 깨칠수록 아이의 독서력 또한 높아질 것이라는 생각에서, 또 하나는 책 읽어주기의 고됨으로부터 조금이나마 편안해 보고자 하는 생각에서라고 할 수 있습니다. 그러나 한글만 깨치면 저절로 찾아와 줄 것만 같은 이 두 가지는 단적으로 말해 한글 깨치기에 관한 부모의 오해일 뿐이라고 할 수 있습니다.

먼저, 아이가 한글을 빨리 깨치면 깨칠수록 더욱 높은 독서력을 갖게 되는 것일까에 관해 결론부터 말하자면, 한글을 언제 깨치느냐와 아이의 독서력 사이에는 큰 상관이 없다 하겠습니다. 한글을 빨리 깨쳤다 하여 아이가 책을 더 좋아하는 것도 아니며, 한글을 조금 늦게 깨쳤다 하여 책을 덜 좋아하는 것도 아니더라는 사실 때문이지요.

한글을 조금 늦게 떼었다 하더라도 부모가 꾸준히 그림책을 읽어 준 아이는 한글을 일찍 깨우친 아이와 독서력에서 큰 차이를 보이지 않습니다. 당장은 한글을 일찍 깨친 아이에 비해 독서력이 조금 떨어지는 것처럼 보일지는 몰라도 한글을 깨우치게 되는 순간, 그 정도의 차이는 아무렇지도 않게 따라잡는 경우가 비일비재합니다. 그동안 귀를 통해 차곡차곡 쌓아온 독서력이 한글떼기와 맞물려 폭발적으로 발현이 되는 것이지요.

A라는 아이 이야기입니다. 대여섯 살이면 한글을 떼는 대개의 아이들과는 달리 일곱 살도 중반을 훌쩍 넘어 한글을 떼었으니 요즘 아이들 관점에서 보면 늦었다 할 수 있는 나이였지요. 그런 녀석이 한글을 떼기 무섭게 읽어치우는 책들이라는 것이 네 살에 한글을 뗀 독서광 친구 녀석과 맞먹을 수준의 책들이었다는 것입니다. 비결은 하나였습니다. 비록 한글은 늦게 깨우쳤을지는 몰라도, 그동안 엄마가 꾸준히 읽어주는 책을 귀담아 들은 덕분에 A는 이미 또래보다 높은 단계의 독서력을 차곡차곡 쌓아올 수 있었던 것이지요. 그것이 한글떼기와 더불어 가속의 힘을 받게 된 것입니다.

한글떼기와 관련한 부모들의 두 번째 오해는 읽기독립의 문제입니다. 대개의 부모들은 아이의 한글떼기가 곧바로 읽기독립과 연계되기를 바라거나 또는 연계될 수 있다고 생각합니다. 이것은 저 혼자 읽기 시작하면 부모의 수고로움이 한결 덜해질 것은 물론이거니와 부모가 읽어주는 것보다 더 많은 그림책을 스스로 찾아서 읽게 되지 않을까 하는 막연한 기대에서 비롯됩니다.

그러나 부모의 바람과는 달리 한글을 빨리 떼었다 하여 읽기독립 또한 같은 속도로 완성되는 것이 아닙니다. 책읽기가 부모와 정서적 교감을 나누는 행위라고 했을 때, 한글을 일찌감치 떼었다 하더라도 부모로부터의 정서적 독립이 마련되지 않은 아이는 읽기독립 또한 더딜 수밖에 없습니다. 즉 한글은 일찌감치 떼었으되 혼자서 책읽기는 싫어하는 아이들의 경우를 이 같은 경우의 예로 들 수 있겠지요. 이런 아이들에게 자꾸 혼자 읽을 것을 강요하는 것은 엄마 품에 파고드는 어린아이에게 다 컸으니 혼자 서 보라며 냉정하게 밀쳐내는 것과 다를 바가 없습니다. 반대로 한글을 조금 늦게 깨쳤다하더라도 부모로부터의 정서적 독립심이 단단해져 있을 만큼 자랐다면 한글 깨침과 동시에 읽기독립은 별 어려움 없이 완성이 될 수 있습니다. 즉 한글을 일찍 깨친 아이와 상대적으로 조금 늦게 깨친 아이가 읽기독립하기까지의 시간차라는 것이 생각보다 크지는 않다는 것입니다.

그런데도 불구하고 많은 부모들은 한글 깨치기에 관해 일률적인 잣대를 들이대고 싶어합니다. 아이마다의 개인차를 고려하지 않은 채, 무작정 빨리 시키면 좋다더라는 생각에 한글에는 관심도 없는 아이를 채근합니다. 아이가 두 돌만 되어도 한글을 시켜야 하지 않을까 고민하는 부모들을 보면 릴렉스를 부르짖고 싶은 것이 솔직한 제 심정이라면 조바심 나던 마음에 조금 여유가 생기실는지요?

걸음마를 언제 했느냐가 훗날 아이의 걸음걸이에 지대한 영향을 끼치지 않습니다. 말문이 언제 트였느냐가 훗날 아이의 말하기에 결정적 영향을 끼치지도 않습니다.(당시엔 참으로 중요한 문제처럼 보이지만.) 한글을 언제 깨쳤느냐 또한 훗날 아이의 독서력을 단정 짓지는 않습니다. 몇 달 먼저 걸음을 떼고, 몇 달 먼저 말문이 트이고, 일이 년 먼저 한글을 깨친 것이 아이의 긴 인생에서 얼마나 중대한 영향을 끼칠 것인가를 생각해 본다면 의외로 결론은 간단합니다. 부모가 아이에게 줄 수 있는 가장 훌륭한 그림책 육아법이란 한글을 빨리 깨쳐 스스로 읽어보라 등 떠미는 것이 아닌, 될 수 있는 한 오랫동안 사랑 듬뿍한 부모의 목소리로 아이에게 책을 읽어주는 것이라는 사실을요.

게다가 아이의 인생에서 오로지 부모에게 의지해 책을 읽을 날은 생각보다 길지 않다면요? 지나고 보면 마냥 아쉬울 그 시간입니다. 느긋하게 즐기세요. 즐기는 자를 당할 것은 아무것도 없으니까요.

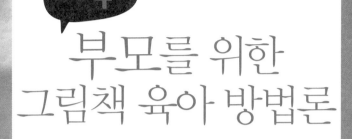

2부
부모를 위한
그림책 육아 방법론

부모는 가정 내 그림책 육아를 담당하는 주체이며 또한 그림책 육아의 환경 제공자로서 중요한 역할을 수행하고 있습니다. 부모가 그림책 육아에 대한 어떠한 마인드와 어떠한 방법론을 펼쳐 보이느냐에 따라 그림책 육아의 성패를 좌우한다고 해도 무리가 아닐 것입니다. 그러기 위해서는 먼저, 그림책 육아를 위한 부모 스스로의 변화와 노력이 반드시 따라주어야 합니다. 성공적인 그림책 육아 방법론이란 부모와 아이 모두에게 향했을 때 비로소 완성이 된다 할 수 있으니까요.

2부에서는 행복한 그림책 육아 환경을 제공해 주고자 하는 부모 스스로를 위한 그림책 육아법을 제시하고자 합니다. 부디, 실천의 의지를 불태우시길.

6 그림책 육아를 위한
지도와 나침반을 마련하라

엄마 노릇의 어려움은 엄마가 되어보고 나서야 비로소 깨닫습니다. 말랑말랑한 신생아의 목욕은 어떻게 씻겨야 하는지부터, 이유식은 어떻게 만들어 먹여야 하는지, 배변 연습은 어떻게 시작해야 하는지 초보 엄마는 온통 모르는 것투성이지요.

하지만 교육적 목적이 분명해진 육아를 시작하고자 했을 때 엄마가 맞닥뜨려야 하는 어려움에 비하면 아이를 먹이고 씻기고 입히는 문제는 아무것도 아닌 게 되어 버립니다. 엄마의 얇은 귀를 팔랑거리게 만드는 온갖 육아법과 그와 관련된 값비싼 교구들이며 홈스쿨, 교육기관에 관한 정보들이 어찌나 방대한지 그 와중에 갈피를 잡아 꿋꿋하게 제 갈 길을 가기란 서울에서 김 서방 찾기만큼이나 어려운 노릇이 아니던가요?

그러나 어렵다 하여 마냥 외면할 수만은 없다는 데 문제의 중요성이 있습니다. 기준과 방향이 없이 이리저리 휩쓸리는 육아법처럼 위험한 것은 없으니까요. 엄마의 줏대 없는 육아법에 내 아이 또한 고스란히 흔들리고 있다는 것을 생각하면 등골이 서늘해질 노릇입니다.

비유를 해 볼까요? 방향을 잡지 못하는 배는 대책 없이 우왕좌왕하겠지요. 물론 수많은 시행착오 끝에 아늑하고 편안한 항구에 도달할 수도 있을 것입니다. 요행히 그 시행착오의 시간이 짧게 끝나 배도 항해사도 별 무리 없이 항구에 정박할 수 있다면 큰 문제가 되지 않을 것입니다. 그러나 때로는 그 시간들이 치명적일 만큼 길어져 넓은 바다 한가운데서 오도가도 못하게 될 수도 있다는 것이지요. 결국 아이를 키움에 있어 탄탄한 기준을 잡고 정해진 목표를 향해 흔들림 없이 나아가는 것은 무척이나 중요한 일이며 또한 반드시 갖춰야 할 자세라고 할 수 있습니다.

이처럼 탄탄한 기준을 잡고 그것을 향해 나아가는 과정에서 범할 수 있는 치명적인 시행착오를 줄이기 위해서는 잘 그려진 지도와 확실한 나침반 하나 준비하면 참 좋겠습니다. 안개 자욱한 바다 한복판에서 길을 몰라 허둥댈 때, 그 지도와 나침반이 더없이 훌륭한 조언자가 되어 줄 테니까요.

그림책으로 아이를 키우는 것도 마찬가지일 것입니다. 적어도 본격적인 그림책 육아를 하기에 앞서, 내가 왜 그림책 육아를 선택했으며, 그 방향과 방법은 어떻게 잡는 것이 현명할까를 분명히 마련해야 할 것입니다. 그저 그림책을 많이 읽히면 좋다더라 또는 그림책을 많이 읽게 하려면 일단 그림책을 많이 사주면 된다더라는 막

연한 목적과 방법만을 가지고 길을 나서다가는 큰 바다 한가운데서 오갈 데 없는 신세가 될 수도 있습니다.

육아라는 망망대해에서 곧고 바른 길을 알려주는 지도와 올곧은 기준을 잡아주는 나침반의 역할을 훌륭히 담당하는 것에는 잘 쓰인 육아서를 제일로 꼽겠습니다. 좋은 육아서에는 내가 자칫 잘못 들어설 수도 있는 외딴길에 관한 정보가 있지요. 내 아이를 진정 행복하게 만들 수 있는 지름길에 관한 정보도 아낌없이 담겨 있습니다. 열 번의 시행착오 끝에 터득할 수 있는 정보를 한 번의 정독을 통해 배울 수 있다면, 그 경제성이야 말해 무엇 할까요? 읽지 않을 이유가 없으며, 반드시 읽어야 할 이유 또한 여기에 있습니다.

그러나 잘 그려진 지도와 나침반은 거저 주어지는 것이 아닙니다. 그것들을 장만하기 위해 엄마는 노력이라는 대가를 지불해야 하지요. 좋은 육아서를 준비하고 바쁜 시간을 쪼개어 그것들을 읽고 곰곰이 판단하여 행동화할 수 있는 노력 말입니다. 오랫동안 어린이 전문서점을 운영해 오신 분께서 주신 말씀입니다.

"아이에게 읽히면 좋을 만한 그림책을 추천해 달라고 오시는 엄마들에게 엄마도 함께 읽으면 좋을 만한 독서교육서를 꼭 권해드려요. 그런데 정작 아이 책은 사 가도 엄마를 위한 독서교육서를 사 가시는 분들은 많지 않습니다. 아이를 위해 엄마도 읽어야 한다는 사실을 잘 모르시는 것 같아 안타깝지요."

아이가 읽는 그림책이란 아이 스스로를 위함이 크지만 부모가 읽는 육아서란 아이와 부모 모두를 위함이 큽니다. 그런데도 아이에게만 그림책을 읽어라 재촉할 뿐, 정작 그 아이를 위해서 육아서 읽기를 마다하는 부모가 행하는 그림책 육아법이란 바퀴 하나가 빠진 수레와 같습니다. 성공적인 그림책 육아란 아이와 부모가 함께 읽을 때에 비로소 완성이 되는 것이니까요. 기나긴 육아의 과정에서 실수 한 번 없이 아이를 키울 수는 없을 것입니다. 하지만 많은 시간과 돈과 노력을 쏟아 부으며 온몸으로 부대껴 터득하기 전에, 그리하여 부모와 아이 모두 크고 작은 상처를 입기 전에, 잘 쓰인 육아서 몇 권부터 읽고 시작하는 건 어떨까요? 적은 시간, 적은 돈, 적은 노력으로 생각보다 큰 효과를 얻을 수 있을 것입니다. 읽을 때만 고개를 끄덕거리고 돌아서면 잊어버려도 좋습니다. 끄덕거리는 공감의 횟수가 반복될수록 당신의 마음속엔 그림책 육아의 바다로 나아가는 현명한 지도가 그려지고 있을 테니까요. (그런 점에서 이 책을 읽고 계신 당신, 목적지 분명한 지도 한 장 마련하고 계신 겁니다.) 먼저 책을 읽을 사람은 아이가 아닙니다. 그 아이를 행복하게 키울 바로 부모 자신이지요.

★잘 그려진 지도와 같은 독서교육 지침서

《어린이와 그림책》 / 이상금 엮음, 마쓰이 다다시, 샘터
《그림책을 보고 크는 아이들》 / 이상금, 사계절
《하루 15분, 책 읽어주기의 힘》 / 짐 트렐리즈, 북라인
《우리 아이, 책날개를 달아주자》 / 김은하, 현암사

7 텔레비전, 이별할 수 없다면
공존해라

　텔레비전 시청 습관을 통해 보건대 남편은 지극히 보편적인 대한민국의 남자입니다. 집에 들어서기 무섭게 습관적으로 텔레비전을 켜며, 딱히 볼 프로그램이 없으면서도 또한 습관적으로 채널을 돌리고 있는 모습을 보면 말이지요. 며칠의 야근과 몇 번의 기름진 회식을 했다는 중년의 아저씨가 정신없이 낮잠에 곯아떨어졌음에도 손에서 리모컨만큼은 놓지 않고 있는 광고가 더하고 덜할 것도 없이 딱 남편의 이야기로 보이는 것이 그 증거라 하면 우스울까요?

　아이가 자라면서 텔레비전은 애물단지 신세가 됩니다. 부부 사이에 벌어지는 말다툼의 단골 레퍼토리가 되기 때문이지요. 쉬는 날이면 텔레비전을 부여잡고 종일을 뒹굴거리는 남편과 그런 남편을 심히 못마땅해 하는 그 아내와의 말다툼은 지극히 일상적인 풍경일지도 모르겠습니다. 그런 점에서 저희 집도 절대 보편적 범주를 벗어나지 않습니다. 하지만 텔레비전 시청은 본인만의 휴식 방법이라고 강력하게 주장하는 남편에게 텔레비전을 끄게 한다는 것은 담배를 끊는 것보다도 더욱 대단한 의지가 필요한 일처럼 보입니다. 소 귀에 읽은 경이 수레로 하나 가득을 채우건만 남편은 요지부동 굳건하기만 하니까요.

텔레비전, 문제를 일으키다.

우려하던 바대로 남편의 이 같은 텔레비전 시청 습관이 딸아이에게 영향을 끼치기 시작했습니다. 어른들이 보는 프로그램일지라도 그 내용을 제법 이해할 수 있게 되면서부터, 녀석은 아빠가 텔레비전을 켜는 순간이면 하던 일 작파하고 쪼르르 달려와 낄낄거리기 시작하는 것이지요. 주말이면 텔레비전 앞에서 넋을 쏟아 놓고 있는 부녀를 보고 있자니 가슴이 바짝바짝 타들어 갑니다.

딸아이의 텔레비전 시청 시간이 늘어나면서 발생한 문제는 녀석이 그동안 즐겨 해오던 놀이를 하지 않거나, 하더라도 그 횟수가 점점 줄어들기 시작했다는 것입니다. 시시때때로 손에 잡던 그림책을 멀리하는 것은 물론이요, 줄기차게 그려대던 그림도 그리지 않으며, 종이접기도 시들해지고, 소꿉놀이, 인형놀이도 할 겨를이 없습니다. 그보다 훨씬 더 재밌는 텔레비전을 봐야 하니까요. 텔레비전 보기에도 주말 하루가 빠듯한데, 그림책 읽기가 다 무어랍니까?

비로소 느낍니다. 유아의 과도한 텔레비전 시청의 문제점은 아이들이 시청하기에 여러모로 비교육적인 프로그램이 주는 부정적 영

향에만 국한되는 것만이 아니더라는 것을요. 오히려 텔레비전 시청
으로 인해 그맘때의 아이들이 충분히 즐겨야 할 지극히 아이다운
놀이를 하지 않는다는 것이 더 큰 문제라고 말입니다.

게다가 텔레비전이 주는 재미라는 것이 얼마나 사람을 무기력하
고 수동적으로 만드는지 멍하게 정신을 놓은 딸아이를 보면서 새
삼 느낍니다. 애써 즐기려 노력하지 않아도 일방적으로 온갖 재미
를 쏟아 부어주니 특별히 노력할 필요가 없는 것이지요. 그뿐인가요?
폭포처럼 쏟아지는 시각적 이미지는 보는 이의 뇌를 얼얼하게 만
들 정도로 강력합니다. 사정이 이러하니 폭발적인 즐거움을 수월
하게 안겨주는 텔레비전에 중독되는 것은 그야말로 시간문제일 뿐
이지요.

소설《양철북》의 작가 권터 그라스가 우리나라의 한 신문사와 인
터뷰한 내용에 귀담아 들을 소리가 있더군요.

> "독서를 대체할 수 있는 활동은 아무 것도 없다. 그림이나 활동
> 사진을 받아들이는 것이 이를 대체할 수 있을 것 같지만, 그렇지
> 않다. 독서는 적극적으로 참여를 유도하고 상상력을 개입시키는
> 행위이다. 단순한 유흥이 아니라 노동을 요구하는 일이다. 청소
> 년기에 이러한 노동을 거치지 않으면 그 무엇도 이룰 수가 없다."

노벨 문학상을 수상한 이 대작가의 말처럼 텔레비전 시청이 단순
한 유흥이라면 독서는 노동을 요구하는 일입니다. 말초적인 유흥에
길들여진 아이들이 고된 노동처럼 느껴지는 책읽기를 즐길 리가 없

습니다. 힘들게 엉덩이를 붙이고 앉아 애써 즐거움을 찾으려 하지 않아도 버튼만 누르면 헤아릴 수 없이 많은 즐거움들이 즉각적으로 쏟아져 나오는데, 글자 사이사이 녹아 있는 느릿한 즐거움을 머리 굴려 찾아야 하는 책읽기를 할 까닭이 있겠습니까? 생각만 해도 고리타분하기 그지없는 노릇이지요.

어려서부터 독서 습관을 잡아주어야 하는 이유 또한 바로 여기에 있습니다. 온갖 말초적인 유흥거리가 지천에 널린 세상입니다. 그 맛에 먼저 길들여진 아이들이 진득한 기다림이 필요한 책읽기에 재미를 붙이기란 참으로 어려운 노릇일 것입니다. 마치 혀끝을 얼얼하게 만들 정도로 자극적인 맛에 익숙해진 입이 심심하고 얕은맛을 즐기기가 쉽지 않은 것과 마찬가지겠지요. 그러나 그림책의 재미를 일찌감치 터득한 아이라면 아이의 놀이에 텔레비전이 그다지 누가 되지 않습니다. 텔레비전을 보는 재미와 컴퓨터 게임을 하는 재미가 다른 것처럼 또는, 텔레비전을 시청하는 재미와 친구와 뛰어노는 재미가 다른 것처럼 그림책을 읽는 즐거움도 다르다는 것을 익히 알고 있으니까요. 그 색다른 즐거움을 굳이 멀리할 까닭이 없습니다.

다시 저희 집 이야기로 돌아와 보겠습니다. 이래서는 안 되겠다 싶어, 하루는 맥주 한 잔을 앞에 두고 남편에게 진지하게 이야기를 꺼냈습니다. 텔레비전의 필요성을 부인하는 것은 아니다, 텔레비전을 우리집에서 퇴출시키자는 것도 아니다, 꼭 필요한 프로그램을 필요한 만큼만 보자. 무엇보다 습관적인 텔레비전 시청은 자제하는 것이 어떻겠느냐? 딸아이를 봐라, 당신이 텔레비전을 보고 있으면 종일 함께 보고 있지 않느냐. 아무리 생각해도 이건 아니다. 진심을 담아 남편에게 도움을 구했습니다. 남산 위의 저 소나무처럼 변함없을 것 같던 남편이 슬쩍 태도를 바꿉니다. 리모컨을 과감히 놓지는 못하더라도 습관을 바꾸려는 노력은 분명 하기 시작하더군요.

텔레비전을 덜 보니 시간이 남아돕니다. 어정어정 할 일이 없어진 남편은 책을 읽거나 화초를 돌보거나 딸아이와 이런저런 놀이를 해 줍니다. 딸아이도 마찬가지입니다. 아빠와 텔레비전을 보는 시간이 줄어드니 주말 하루, 할 일이 많아집니다. 책읽기에, 소꿉놀이에, 종이접기에, 머리와 몸을 움직이며 노느라 하루해가 모자랍니다.

아직도 주말이면 살짝궁 바빠지는 저희 집 텔레비전, 그러나 현재까지는 저희 가족과 평화롭게 공존하고 있습니다.

텔레비전과 공존하는 법 1 : 엄마가 중요하다

아이에게 텔레비전 시청 습관을 들이는 데에는 아이와 함께 집에 있는 시간이 상대적으로 더 많은 엄마의 노력이 절대적으로 필요합니다. 제가 유난스럽게 남편을 채근했다고는 하지만 객관적 기준으로 보았을 때 딸아이의 텔레비전 시청 습관은 심각하다 할 정도는 아니었습니다. 남편은 주로 주말에 텔레비전을 붙들고 있었던 까닭에, 딸아이의 텔레비전 시청 또한 주말에 집중되어 있었습니다. 저와 단둘이 있을 때가 많은 주중에는 텔레비전을 시청할 기회가 거의 없어, 중독으로 이어질 만큼 정기적인 텔레비전 시청을 하지 않았기 때문입니다.

그러므로 텔레비전과 공존하고 싶다면 무조건 엄마부터 변해야 합니다. 우선, 보든 보지 않든 항상 텔레비전이 켜져 있지는 않은지 돌아볼 필요가 있습니다. 제 방에서 놀다가도 텔레비전만 끄면 뛰쳐나와 다시 켜길 원하는 아이라면 엄마의 시청 습관이 늘 그러하지는 않았는지 차갑게 생각해 볼 필요가 있습니다. 또는 집 안일을 좀 더 수월하게 하기 위해 아이를 텔레비전 앞에 앉혀 두거나, 아이에게 부대끼지 않고 편안한 시간을 가질 생각으로 텔레비전 채널을 맞춰 주고 있지는 않은지도 생각해 보아야 합니다. 잠시 편하고자 했던 안일한 생각이 훗날 감당 못할 부메랑이 되어 돌아올 수 있음을 잊지 말아야 합니다.

이 기회에 엄마도 텔레비전으로부터 자유로워져 보세요. 텔레비전의 유혹을 견뎌내기 만만치 않다면 과감하게 케이블 방송을 끊어 보는 독기를 부리는 것은요? (텔레비전을 없애는 것보다는 쉽지 않을까요?) 하다못해 리모컨이라도 없애는 노력은 어떨까요? 시청 횟수가 줄면 중독성이 엷어지는 것은 아이나 어른이나 마찬가지니까요.

텔레비전과 공존하는 법 2 : 미련 없이 끄자

텔레비전과 같은 오락거리들에 무작정 눈 감고 귀 막고 살 수 없는 노릇이라면, 즐기되 올바르게 즐기는 방법을 아이에게 가르쳐

주는 것이 어쩌면 더 현명하리라 생각합니다. 가르침이란 말보다는 행동으로 보여줄 때 가장 효과적이지요. 텔레비전 그만 봐라 잔소리만 늘어놓을 것이 아니라, 텔레비전을 시청하는 올바른 자세를 몸소 보여주는 것은 어떨까요?

텔레비전을 즐기는 올바른 자세란 주체적이며 능동적으로 시청하는 것이라 할 수 있습니다. 텔레비전을 켰던 것이 나의 의지에서 비롯된 것처럼 끄는 것 또한 나의 의지대로 끄자는 것이지요. 그러나 텔레비전이란 한 번 켜면 끄기가 참 쉽지 않습니다. 켜는 것이 나의 의지였다면 끄는 것은 텔레비전의 의지처럼 느껴질 정도입니다. 마땅히 볼 프로그램이 없음에도 리모컨을 놓지 못하게 만드는 것이 텔레비전이 지닌 마력이 아니던가요? 만약 하나의 프로그램이 끝났음에도 리모컨을 툭툭 눌러가며 이어서 볼 만한 프로그램을 어슬렁어슬렁 찾아다니고 있다면 당신의 시청 습관을 당장에 바꿀 필요가 있습니다. 어렵다고요? 부모의 시청 습관을 아이가 빤히 보고 있다고 생각해 보세요. 채널을 고르고 있던 손이 머쓱해지지 않겠습니까?

텔레비전과 공존하고 싶다면 텔레비전 끄는 것에 미련을 두지 말 것. 채널 사냥은 중독의 지름길입니다.

★텔레비전보다 재미있는 그림책 보따리

《노래하는 볼돼지》/ 김영진 글 · 그림

《똥벼락》/ 김회경 글 · 조혜란 그림

《팥죽 할멈과 호랑이》/ 백희나 글 · 그림

《동물친구들은 열기구를 왜 탔을까?》/ 마조리 프라이스맨 글 · 그림

《거인 아저씨 배꼽은 귤배꼽이래요》/ 후카미 하루오 글 · 그림

《줄줄이 꿴 호랑이》/ 권문희 글 · 그림

8 후천적 유전자의 힘, 책 읽는 엄마

아이 앞에서 무의식적으로 보여주었던 행동들을 어느 순간 내 아이가 고스란히 재현하고 있음을 느낄 때가 있습니다. 양말을 벗어 휙 던지는 것부터, 콩만 살살 골라내는 식성에, 짜증을 부리는 말투와 얼굴 표정까지……. 그런 내 아이를 불현듯 마주쳤을 때, 가슴이 철렁해지며 머릿속은 아뜩하고 머리카락은 쭈뼛 날을 세웁니다. 어떤 이는 그것을 부모가 자녀에게 물려준 후천적 유전자라고 표현하기도 했는데요, 타고난 유전자가 불가항력적이라 부모의 책임소재를 묻기 곤란하다면 이 후천적 유전자는 부모의 책임이 100%라는 점에서 경각심을 불러일으킵니다.

그나마 다행인 것은 부모의 부정적인 행동만이 후천적 유전자로서 그 영향력을 발휘하지 않는다는 점입니다. 긍정적인 부모의 모습 또한 강력하게 유전되어 내 아이의 행동거지 하나하나마다 단단히 자리를 틀고 있을 테니까요.

아이에게 독서 습관을 붙여주는 데에도 부모의 후천적 유전자는 진한 영향력을 발휘합니다. 사실 유전자를 운운하지 않더라도, 아이의 독서 습관을 잡아주려면 부모부터 책 읽는 모습을 보여주어야 한다는 것은 언급 그 자체만으로도 식상하게 느껴지는, 독서 교육에 있어 정석과도 같은 지침이기도 하지만요. 그러나 아이에게 책을 읽히겠노라 굳은 결심을 세운 엄마라도 이 기본 중의 기본부터 충실히 지키리라 다짐하는 엄마를 만나기란 쉽지 않습니다.

물론 아이가 잠잘 때를 제외하고는 5분 이상 집중하여 뭔가를 하기 곤란한 엄마의 처지를 이해 못하는 바는 아닙니다. 오랜만에 책이라도 좀 잡고 앉아 있을라치면 끊임없이 엄마의 관심을 요구하는 아이로 인해, 한 단락을 채 읽어내기가 어렵지요. 맥이 툭툭 끊기는 책읽기를 지속하기란 좀처럼 쉬운 일이 아닙니다. "읽고 싶어도 읽을 수가 없어요"라고 호소해 오는 엄마들의 고충을 저 또한 지금껏 겪어 오고 있으니 사실 이해하고 말고 할 것도 없습니다. 제게도 일상이니 말이에요.

그럼에도 불구하고 책을 읽어야 한다는 생각에는 변함이 없습니다. 푹 빠져 읽을 수 있다면야 더 바랄 것이 없겠지만, 여건상 그게 어렵다면 토막읽기라도 해야겠지요. 저 같은 경우는 손을 뻗으면 되는 곳 여기저기에 제 책들을 놓아두고, 가방 안에도 책 한 권쯤은 늘 넣어 다니고 있습니다. 5분, 10분의 짤막짤막한 시간이라도 여유가 있다면 앉아서 읽기 위함이지요.

생각해 보세요. 틈이 나면 자리잡고 앉아 책을 읽는 엄마와 엄마

책이 소담스럽게 들어앉은 택배 상자, 엄마책이 빼곡히 꽂힌 책꽂이. 이런 정경을 자연스럽게 보고 자란 아이와 그렇지 않은 아이에게 차이가 없다면 이상하지 않겠습니까?

그림책을 읽어주는 것이 일종의 육아 트렌드인 양 번지면서 아이에게는 수백, 수천 권의 그림책을 척척 사 주는 것에 인색하지 않은 부모들은 참으로 많습니다. 그러나 정작 그 집 안의 책꽂이에는 아이의 책만 풍성할 뿐, 부모가 읽는 책은 찾아보기 힘든 경우도 또한 적지 않습니다. 아이에게 책을 읽히겠다면서 정작 자신은 책을 읽지 않는 부모. 책을 읽으라는 부모의 말이 당위성을 갖기 곤란하겠지요.

이것은 비단 가정 내에서의 독서 환경에 해당하는 말은 아닐 터입니다. 일전에 도서관에서 마주친 장면입니다. 초등학교 저학년쯤으로 보이는 아들을 데리고 도서관에 온 엄마였습니다. 아이가 볼 책을 한아름 골라 온 엄마, 아이 앞에 그 많은 책을 척척 쌓아놓습니다. 그리고는 읽으라네요. 싫은 표정이 역력한 아들, 마지못해 한 권 붙잡습니다. 엄마는 줄곧 책 읽는 아이를 감시하듯 지켜봅니다. 아이가 한 권을 읽으면 준비해 온 공책에 열심히 기록을 합니다. 짐작건대, 아이가 읽은 책목록을 작성하는 모양입니다.

지켜보던 저는 그만 숨이 턱 막혀 옵니다. 엄마의 서슬 퍼런 눈앞에서 책을 읽어야 하는 그 아이는 얼마나 숨이 막힐까 싶어 속이 푹 상하기까지 합니다. 이건 책으로 즐겁자는 것이 아니라, 책으로 고문하자는 것과 다를 바가 없잖아요. 그렇게 열 권, 스무 권을 읽은들,

그래서 아이가 읽은 책목록이 저축액 불듯 불어난들 그게 무슨 의미가 있을까요. 오지랖 넓게 끼어들고 싶은 마음이 대형 굴뚝입니다.

도서관에서 아이 스스로 책 읽는 법을 가르쳐주고 싶다면, 우선 아이가 원하는 책을 스스로 고르는 것부터 시작을 해야겠지요. 그리고 엄마는 엄마를 위해 고른 책을 재미나게 읽는 모습을 보여주는 것부터 시작해야겠지요. 도서관 한 귀퉁이에서 시간을 잊고 책에 흠뻑 빠진 엄마를 보여주는 것만큼 도서관 활용법에 대한 훌륭한 가르침이 어디 있을까요? 도서관은 엄마에게도 책의 즐거움에 풍덩 빠져 볼 수 있는 행복한 장소임을 잊지 말아야 합니다.

고등학교 국어 시간에 배웠던 글로 기억을 합니다. 국문학자인 이희승 선생님께서 쓰신 〈독서와 인생〉이라는 논설문에 이런 구절이 있었지요.

> "우리 나라 사람은 일반적으로 책에 관심이 적은 것 같다. 학교
> 에 다닐 때에는 시험이란 위력(威力) 때문이랄까, 울며 겨자먹기
> 로 교과서를 파고들지만, 일단 졸업이란 영예(榮譽)의 관문을 돌
> 파한 다음에는 대개 책과는 인연(因緣)이 멀어지는 것 같다."

아이에게는 책을 읽어라 다그쳐도 정작 본인은 책을 읽을 생각을 잘 못하는 엄마, 아이 책은 박스로 사주어도 엄마를 위한 책은 단한 권도 사려 하지 않는 엄마, 도서관에서 아이 책은 빌려올지언정 엄마 책 빌려올 생각은 아니 하는 엄마들을 보며 저는 오래 전 기억 속의 이 구절을 떠올립니다. 어쩌면 졸업을 위해 울며 겨자먹기로

책을 읽던 잘못된 엄마의 독서 방식을 스스로도 모르는 사이 우리 아이에게 고스란히 넘겨주고 있는 것은 아닌지요. 더욱 아찔한 것은 그 또한 후천적 유전자로 내 아이의 몸 어딘가에 강력하게 뿌리 내려가고 있는 것은 아닌지요.

우리 집 책꽂이에는 엄마 책과 아이 책이 나란히 꽂혀 있습니다. 도서관 가방에 엄마 책과 아이 책이 나란히 담겨 있습니다. 책이란 평생을 즐길 수 있다는 것을 온몸으로 보여주는 엄마, 후천적 유전자의 힘은 강력합니다.

추신 아이를 위한 독서 교육의 차원에서 엄마더러 책을 읽으라는 것은 그 또한 독서의 본질을 왜곡하는 것이겠지요. 엄마에게도 책이란 즐겁기 때문에 읽는 것 아니겠어요?

9 그림책 육아, 벤치마킹의 기술

인터넷이라는 공간 속에는 육아에 관한 수많은 고수맘들이 살고 있습니다. 어쩌나 똑 부러지게 아이들을 키워내는지, 잘 하는 것 없이 매사 허둥거리는 나의 입장에서는 그야말로 부러움의 대상이지요. 게다가 그 집 아이, 손끝 야문 엄마 밑에서 자라서인지 책읽기면 책읽기, 그림 그리기면 그림 그리기, 뭐하나 못 하는 게 없어 보입니다. 이쯤이면 부러움을 넘어서 슬쩍 속이 상하기까지 합니다. 치뛰고 내리뛰기에만 여념이 없는 내 아이를 어쩌면 좋을지 괜한 한숨이 푹푹 나옵니다. 들여다보며 이렇게 속상해할 바에야 아예 인터넷을 끊어야지 독하게 마음을 먹어 보기도 하지만, 어느 순간 마우스 버튼을 클릭하고 있는 스스로를 발견하고는 슬금 멋쩍어지기도 하지요.

이쯤이면 마음을 바꿔 보기로 합니다. 고수맘을 역할 모델로 삼아, 그의 육아법을 벤치마킹해 보기로 굳은 결심을 하는 것이지요. 고수맘네 아이가 세 돌에 어떤 그림책에 정신을 쏟았더라면 우리 아이 세 돌에도 주저 없이 그 그림책을 들여 주기로 합니다. 고수맘이 추천한 그림책이라면, 고민 없이 냉큼 장바구니에 담아 놓기도 하고요. 그 집 책장을 낱낱이 훑으며 우리 아이도 저 개월 수면 저 책을 넣어 주리라, 기억하고 메모하고 스크랩하는 것도 빼먹지 않습니다.

그러나 성공적인 벤치마킹이 되기 위해서는 목표가 되는 벤치마크(benchmark:측정기준)로서 어떠한 항목을 설정하는가가 중요한 과제가 된다는 것을 엄마들이 간과하곤 합니다. 그 집 책장을 샅샅이 훑는 것만이 효과적인 벤치마크의 항목이 될 수는 없다는 사실을 대수롭지 않게 여기는 것이지요. 무엇보다 나름 효과적인 항목을 설정했다 해도 반드시 목표치에 도달할 수는 없다는 사실 또한 까맣게 생각하지 않고 있다는 점도 문제가 되곤 합니다.

그러다 보니 고수맘과 똑같은 방법으로 똑같이 키우려고 애를 썼건만, 우리 아이는 왜 생각처럼 자라주지 않는 것인지 어느 시점에선 속이 푹 상해 오기 시작합니다. 나름대로 노력할 만큼 했다 싶은데 아무리 봐도 그 결과가 신통치 않으니 여기서 무얼 어떻게 더 해야 하는지 막막해진다고 합니다. 게다가 부모의 노력만큼 따라오지 못하는 아이가 원망스럽기까지 하니 어쩌면 좋겠냐고도 호소해 옵니다.

이쯤에선 찬찬히 되짚어 볼 필요가 있습니다. 무엇이 어디서 어떻게 잘못되었을까?

고수맘의 책 보는 안목은 배울 만합니다. 그의 노하우는 스크랩해두고 때에 따라 써먹을 만도 합니다. 하지만 그 와중에 혹시 간과하고 있었던 것은 아닌가요? 나는 고수맘의 아이를 키우는 것이 아니라, 내 아이를 키우고 있다는 사실을. 그 집 아이가 자라온 방식으로 내 아이를 키운다 하여(엄격히 말해, 그렇게 키우는 것처럼 보여도) 내 아이가 그 집 아이와 똑같이 자라리라 확신할 수 없다는 것을. 독특한 개성으로 중무장한 내 아이, 그에 걸맞게 키워 달라는 텔레파시를 예민하게 알아차리려 애썼는지를.

아무리 좋은 육아법이라도 내 아이에게 맞지 않으면 의미가 없습니다. 고수맘의 날고 기는 노하우로 그 집 아이가 나름 모범적으로 크고 있더라도 그 육아법이 반드시 내 아이에게도 딱 떨어지게 잘 맞으란 법이 없습니다. 아무리 멋지고 예쁜 신발이라도 내 아이에게 맞지 않으면 별 소용이 없습니다. 신발이 아깝다 하여 아이 발을 신발에 맞출 수야 없는 노릇 아닌가요? 마찬가지입니다. 내 아이에게 죄거나 헐거운 육아법이라면 아이를 육아법에 맞추려 애를 쓸 필요 없이, 과감하게 귓등으로 흘려도 된다는 뜻입니다.

제가 냉장고에 붙여 놓고 오며가며 읽는 글이 있습니다.

"아이 키우기가 어렵고 힘들다고 해도 아이에게는 하루 종일 같이 지내는 부모가 온 우주와도 같다는 사실을 기억해 주었으면 한다. 자신을 이해하지 못하는 우주 속에서 산다면 하루하루가 고통스러울 것이다. 세상의 모든 육아와 교육법들은 바로 아이를 이해하려는 노력에서부터 시작된다."

그림책 육아도 당연히 내 아이에 대한 이해에서 출발한다고 생각합니다. 엄마로부터 이해 받지 못한 내 아이는 뒤에서 울고 있는데, 고수맘의 꽁무니만 무작정 쫓아가는 것은 안 될 말입니다.

내 아이를 이해하고, 그 아이에게 맞는 그림책 육아를 시도해 보세요, 그런 당신이 진정한 고수입니다.

10 독서성장일기를 써라

육아일기를 쓰시나요?

디지털 카메라의 등장과 더불어 블로그며 미니홈피, SNS의 비약적인 진화는 아이의 일상다반사를 기록하고 정리하는 일을 무척이나 수월하게 만들어 주었습니다. 많은 분들이 육아일기 쓰기를 취미삼아 즐기며, 내 아이가 자라는 모습을 익명의 사람들과 공유하기를 또한 즐거워합니다.

육아일기를 쓴다는 것은 아이가 자라가는 모습에 대한 단순한 기록 이상의 의미를 갖습니다. 그 이유는 '일기'라는 형식 자체가 주는 자기반성적 성격 때문인 까닭이 크지요. 아이를 키우면서 하루에도 여러 번 겪게 되는 시행착오의 행동들을 차근차근 글로 옮기는 동안 엄마는 스스로의 육아 방식에 대해 냉정하게 되돌아볼 수 있는 시간을 가질 수 있습니다. 때로는 자신의 행동을 보다 분명하게 반성할 수 있는 계기가 되기도 합니다. 무엇보다 그것을 문자화

하여 만인이 보는 공간에 올려놓는다는 것은 자기반성의 노력을 보다 공고히 하겠다는 의지의 표현으로도 이해할 수 있을 것입니다.

또한 육아일기를 쓴다는 행위는 아이에 대한 세심한 관찰을 바탕으로 깔고 있다는 점에서 그 가치에 후한 점수를 주고 싶습니다. 아침저녁 몰라보게 달라지는 빠른 변화뿐만 아니라 어제가 오늘 같고 오늘이 내일 같은 더딘 변화를 기록하는 것에도 아이에게 민감하게 반응하고자 하는 엄마의 노력이 담겨 있는 것이지요. 세상의 모든 육아법이 아이에 대한 세심한 관찰에서 출발한다고 했을 때, 육아일기를 쓴다는 것은 아이를 속속들이 이해하고자 하는 시각을 갈고 닦고 정리할 수 있는 손쉬우면서도 효과적인 방법이라고 할 수 있습니다.

육아일기가 아이가 자라나는 모습 전반에 대한 폭넓은 기록이라고 한다면, 독서성장일기란 그중에서도 책과 더불어 자라는 아이의 모습을 기록한다는 점에서 육아일기에 비해 대상의 범위가 한층 축소된 영역이라고 할 수 있습니다. 그러나 아이를 관찰하고 이해하고자 한다는 점에서 이 둘은 결국 같은 목적지로 향하는 버스라 하겠습니다.

독서성장일기를 쓰는 어려움은 꾸준해야 한다는 점에 있습니다. 매일 매일의 독서일지를 쓰기는 어렵다 하더라도, 적어도 일주일 또는 보름 또는 한 달 단위로 아이의 독서 변화를 꾸준히 기록해 나가는 부지런함이 필요하기 때문이지요. 이쯤에서 시간이 없어서라는 말은 변명과 같습니다. 독서성장일기를 꾸준히 쓰는 사람에게든 그렇지 않은 사람에게든 하루는 똑같이 24시간이니까요.

독서성장일기, 왜 써야만 할까?

독서 발달의 흐름을 알 수 있습니다

아이의 독서 발달과정이란 한눈에 보이지 않습니다. 하루하루의 더딘 변화가 모여서 어느 순간 훌쩍 자란 모습으로 우리의 눈앞에 등장하는 것이지요. 그런 점에서 독서성장일기란 수를 놓는 것에 비유할 수 있습니다. 한 땀 한 땀 수를 놓다 보면 어느 순간 전체적인 윤곽이 드러나는 것처럼, 하루하루 아이의 작은 변화를 기록하다 보면 내 아이의 독서 발달과정이 어떠한 방향성을 보이는지를 알 수 있게 되니까요.

즉, 독서성장일기를 씀으로써 부모는 아이의 독서 발달의 커다란 흐름을 분명하게 잡을 수 있게 됩니다. 요즘 들어 아이에게 나타난 새로운 독서 패턴이 한두 달 전의 어떠한 행동(또는 사건)에서 비롯되었다는 것도 결국은 발달이라는 커다란 흐름 내에서 이해가 가능합니다. 뜯어보고 기록하지 않은 부모란 그 둘의 연관성을 놓치기 십상인 것이지요. 이것은 앞으로 진행해 나가야 할 그림책 육아의 방법에 대한 훌륭한 힌트로 작용하며, 결국 엄마표 그림책 육아의 중요한 방법론이 된다는 점에서도 묵직한 가치를 가질 수 있다 하겠습니다.

아이를 이해하는 계기가 됩니다

독서성장일기를 쓰기 위해서는 내 아이를 좀 더 면밀하게 관찰해야 합니다. 오늘 아이가 어떤 그림책을 어떻게 즐거워했고 어떤 그림책은 고개를 돌렸으며 그 이유는 무엇인지, 기록을 위해서라도 부모의 관찰 안테나는 늘 아이에게 향해 있어야 합니다.

그런데 그 관찰 과정이라는 것이 내 아이를 보다 깊숙하게 이해하게 되는 계기가 될 수 있습니다. 아이의 그림책 취향을 알아내는 것은 기본이요, 그것을 바탕으로 녀석의 속마음까지도 찬찬히 짚어 볼 수 있는 것이지요. 아이들의 마음이란 말보다는 행동으로 표현되는 경우가 많습니다. 결국 그 행동 하나하나를 기록해 보노라면 그 뒤에 숨어 있는 아이의 마음에 가닿을 수 있는 것입니다. 결국 독서성장일기를 통해 아이에 대한 이해의 폭을 넓힐 수 있으며 그것은 다시 아이의 책읽기를 더욱 행복하게 만드는 원동력이 될 수 있습니다.

독서 교육을 위한 재충전의 시간이 됩니다

독서성장일기를 엄마의 취미 생활로 생각했다던 엄마가 있었습니다. 바쁜 일정으로 몇 달 독서성장일기를 쓰지 못하면서 비로소 느꼈다고 합니다. 독서성장일기를 쓰는 시간이야말로 육아를 위한 재충전의 시간이었다고요.

그림책을 읽어주는 것은 분명 즐거운 일이기는 하지만 한편으로는 고된 일이기도 합니다. 독서성장일기를 쓰노라면, 아이에게 책을 읽어줄 때는 미처 몰랐던 당시의 상황을 여유롭게 되짚어 볼 수 있습니다. 그림책을 읽어줄 때의 아이의 반응을 되새겨보고(이 장면을 읽어줄 때의 배꼽을 부여잡던 녀석의 표정이라니!) 그 반응의 원인을 생각해 보고(그러고 보니, 말재미가 있는 책을 특별히 좋아하는 녀석이지!), 그 반응을 바탕으로 다음에는 어떻게 책읽기를 진행해 보아야겠다는 생각(내일은 말재미가 있는 책을 더 찾아볼까?)을 하게 됩니다. 이 과정에서 부모는 그림책 읽어주기의 고됨보다는 그림책으로 행복했던 아이의 표정과 감정을 곱씹을 수 있습니다. 이 행복한 경험은 다시, 다음 날의 그림책 읽어주기를 보다 즐길 수 있는 에너지로 작용하게 되는 것이지요.

독서성장일기, 어떻게 쓸까?

　독서성장일기라고 하면 그날 하루 아이가 읽은 그림책의 제목과 권수를 기록하는 것을 중심으로 하는 부모들이 있습니다. 그러나 수량화한다는 것은 예민한 시각과 깊이 있는 통찰력을 요하는 관찰 방법이라고 할 수 없습니다. 겉으로 드러난 현상을 체크하고 정리하면 되는 까닭에, 왜 그와 같은 현상이 일어나는지를 애써 고민할 필요가 없기 때문입니다. 독서성장일기도 마찬가지입니다. 아이가 오늘 하루 읽은 그림책의 권수를 정리하는 것은 약간의 부지런함만 있으면 가능하겠지만, 왜 그 책을 좋아하는지를 생각해 보는 것은 부지런함만 가지고는 답이 나오지 않습니다. 좀 더 세심한 엄마라면 답을 구하기 위해 아이를 이해하고자 하는 노력을 배로 들일 것입니다.

'그림책 읽어주는 엄마' 카페에서 2년째 독서성장일기를 쓰고 있는 서준이 엄마의 일기를 통해 독서성장일기를 쓰는 방법을 알아보도록 하겠습니다.

> "만 42개월, 집으로 장수풍뎅이 애벌레가 들어오던 그날부터 그리고 콩 화분이며 베고니아 화분에 집착하던 그때부터 서준이의 '자연'에 대한 관심과 사랑은 분명히 전과 달랐다. 그리고 그때부터 서서히 시작된, 이전과는 너무도 다른 독서 패턴에 지난 두어 달 폭풍 아닌 폭풍이 지나간 느낌이다.
> 42개월 독서성장일기에서 서준이가 어린이 백과사전에 빠지는 것을 보고서 분명 아이가 '지식'을 원한다는 것을 느꼈다. 그 지식이란 어른들이 생각하는 거창한 지식이 아니라, 아이가 발달 과정에 맞게 성장해 가면서 인지구조를 확장시키기 위해 필요로 하는, 어쩌면 우리가 늘 섭취해야 하는 영양소와 별 다를 게 없는 그런 need가 아닐까 싶은 생각이 들었다. 그 참에 이런 시기면 딱이겠다 싶은 책, H를 들여 주었다. (하략)"
>
> [만 43~44개월 서준이의 독서성장일기 중]

일기에는 지식정보책에 대한 호기심으로 옮아가는 아이의 독서 패턴의 변화와 그 원인 그리고 그것에 대한 부모로서의 대처법까지 세심하게 기록되어 있습니다. 지면상 생략은 되었으나 그리해서 들여준 그림책에 대한 아이의 폭발적 반응까지도 꼼꼼하게 기록하고 있지요.

장수풍뎅이 애벌레에 대한 아이의 관심이 결국 자연에 대한 관심으로 확장되며 이것을 예민하게 알아챈 엄마는 자연관찰 그림책으로 아이의 지적욕구를 충족시켜 주고자 합니다. 아이의 관심사를 체크해 나가는 엄마의 안목이 결국 다음 단계의 그림책 육아를 진행해 나가는 바탕이 되고 있음을 알 수 있으며, 예상대로 그것은 아이의 폭발적 반응과 더불어 한 단계 위의 독서력으로 옮아가는 성공적인 결과를 가져오고 있습니다. 이 같은 글쓰기는 오늘 우리 아이가 몇 권의 그림책을 읽었으며 그로 인해 지금껏 읽어 온 누적 독서량이 몇 권이더라는 단순한 기록 차원의 독서성장일기와는 깊이와 효과 면에서 다른 글이라고 할 수 있지요.

독서성장일기란 표현 그대로, 책을 읽으며 자라는 내 아이의 일상에 관한 따뜻하고 세심한 시선이 녹아 있는 기록이어야 합니다. 부연하자면, 오늘 우리 아이는 무슨 그림책을 얼마나 즐거워했는지, 과연 아이가 그 책에 그토록이나 열광하는 이유가 무엇인지 고민한 흔적이 반드시 담겨 있어야 하는 것입니다. 싫어하는 그림책도 마찬가지입니다. 읽어주겠노라면 고개를 홰홰 저으며 마다하는 책, 그 이유가 무엇인지 생각해 보는 것도 그림책을 통해 아이를 이해하는 하나의 방법이 될 수 있습니다. 또한, 그것 자체가 앞으로 꾸준히 진행해 나가야 할 그림책 육아에 대한 중요한 방향으로 작용하는 것입니다.

독서성장일기를 쓴다는 것은 아이의 변화를 예민하게 감지하고 그 변화와 필요에 걸맞은 책을 읽어주겠다는 엄마의 노력을 갈고 닦는 행위라고 할 수 있습니다. 그리고 이것은 곧 엄마표 그림책 육아의 전범이라고 할 수 있습니다.

독서성장일기, 맞춤출판해 볼까?

일기란 자고로 책의 형태로 가지고 있어야 제 맛이라는 아날로그적 속성에 그간 써 온 딸아이의 독서성장일기를 맞춤출판하여 놓았더니, 생각지 못한 효과를 덤으로 누리고 있는 요즘입니다.

무엇보다 책으로 만들어진 독서성장일기는 아이에 대한 엄마의 관심과 사랑의 증표로서의 역할을 톡톡히 담당합니다. 독서성장일기를 곧잘 꺼내 읽는 딸아이는 일기 구석구석에 담긴 엄마의 사랑을 그 작은 가슴으로도 느끼는 모양인지 상기된 얼굴로 다가와 저를 꼭 안아주기를 잊지 않습니다. "엄마, 키워주셔서 고맙습니다"라는 멘트를 달짝지근하게 쏟아놓으면서 말이지요.

더불어 그림책에 대한 아이의 애정이 더욱 돈독해집니다. 독서성장일기에 등장했던 책들을 다시 꺼내보며 이 책은 이런 이유로 내가 좋아했었지, 싫어했었지 등을 녀석이 이해한 언어로 이야기하기를 아주 즐거워합니다. 그로 인해 책에 대한 애정이 새록새록해지는 것은 당연할 터이지요.

게다가, 그것은 곧 책을 보는 안목으로까지 연계가 되는 모습도 나타납니다. 다른 이가 쓴 서평을 보고 책을 보는 안목의 날을 세울 수 있듯이, 엄마가 써놓은 서평의 글을 제 나름의 이해력으로 받아들여 이런저런 그림책으로 곧잘 아웃풋이 되는 딸아이를 보면 말이지요.

맞춤출판을 하는 방법은 간단합니다. 개인적으로 편집을 해서 제본을 해도 괜찮겠지만, 좀 더 간편하게 맞춤출판을 하고 싶다면 개인 블로그를 출판해 주거나 육아일기를 맞춤출판해 주는 사이트들을 이용할 수 있습니다. 책의 모양새, 페이지 수, 편집 방법 등이 사이트마다 차이가 있으므로 본인의 취향에 맞는 곳을 고르면 보다 흡족한 결과물을 받아보실 수 있습니다.

★맞춤출판 사이트
• 맘스다이어리 http://www.momsdiary.co.kr
• 이글루스 http://www.egloos.com

11 그림 읽는 아이, 글 읽는 엄마

그림책이란 글과 그림이 각각 독립적 위치를 차지하면서 그 둘의 유기적인 결합을 통해 새로운 의미를 창출해 내는 독특한 예술 형식으로 정의해 볼 수 있습니다. 글과 그림이 독립적이라고는 했지만, 어찌보면 글보다 그림이 더 많은 말을 하고 있는 것이 그림책일 수도 있습니다. 글 없이 그림으로만 존재할 수는 있어도, 그림 없이 글로만 존재할 수는 없는 것이 그림책이니까요. 때문에 그림책의 그림이란 단순하게 글을 뒷받침하는 역할만을 담당하는 것에서 그치지 않고 글 속에는 없는 정보를 새로이 담아내기도 합니다. 그래서 그림책을 읽을 적에는 글과 그림 모두를 꼼꼼하게 구석구석 읽어보아야만 비로소 제대로 읽었다 할 수 있는 것이지요.

그런 점에서 많은 전문가들은 엄마가 아이에게 읽어주는 것이야말로 그림책을 그림책답게 즐길 수 있는 최상의 독서법이라고 합니다. 아이는 엄마가 읽어주는 이야기를 귀로 들으며, 눈으로는 그림을 샅샅이 뜯어볼 수 있으니 그 과정에서 글과 그림이 어우러져 만들어내는 새로운 세계를 제대로 맛볼 수 있는 까닭이지요.

아이에게 그림책을 읽어주노라면 녀석들이 참으로 예민한 눈을 가졌구나 싶어 깜짝깜짝 놀랄 때가 있습니다. 그림 속에 담긴 아주 작은 이야기까지도 귀신같이 알아채는 녀석들이거든요. 수도 없이 반복해서 읽어준 그림책임에도 내내 몰랐던 사실을 아이의 입을 통해 알게 되는 것은 독특하고 낯선 경험이 결코 아닙니다. 모르긴 해도 아이에게 그림책을 읽어준 부모라면 누구나 한 번쯤은 겪어보는 일이 아닐까 싶습니다. 하기야 그림책을 읽을 때 아이들의 두 눈은 얼마나 바쁘던가요? 그림 구석구석 작고 사소한 것까지도 죄 뜯어보느라 이리저리 분주하게 움직이니, 글자 읽기에 바쁜 부모가 놓쳤던 사실을 알아내는 것이 녀석들에겐 일도 아닐 것입니다.

문자를 통해 손쉽게 정보를 얻으려는 습관을 가진 어른들은 그림이야 힐끗 쳐다보는 것만으로도 충분하다고 생각합니다. 글만 제대로 읽어내면 그림책은 다 읽은 것과 마찬가지라고 생각하는 것이지요. 하지만 그것은 우유를 빼놓은 커피만 마신 뒤에 카페라테를 마셨다고 생각하는 것과 다를 바가 없습니다. 글은 물론이거니와 그림 속에도 담겨 있는 많은 이야기들을 꼼꼼히 읽어내지 않고서야 그림책을 제대로 읽었다고 이야기할 수 없으니, 결국은 반토막 그림책 읽기를 한 것이나 다름이 없다 하겠습니다.

그런데도 간혹 그와 같은 반토막 읽기법을 아이에게조차 강요하는 부모들을 만날 수 있습니다. 그림책을 읽어줄 때 글자 하나하나를 손가락으로 짚어가며 읽는다든가, 이제 막 더듬더듬 글자를 깨우친 아이에게 스스로 책을 읽어보라 강요하는 경우를 그 예로 들 수 있을 것입니다. 대개의 경우 이처럼 한글을 깨우치려는 의도를 가지고 그림책 읽기를 할 때 나타나는 현상이라는 점에서 쓸쓸함이 더해 오지요. 한술 더 떠 한글을 깨우치게 하기 위해, 글자를 손가락으로 짚어가며 읽어줘라 서슴없이 조언하는 사람들까지 만나다 보면 오지랖 넓은 제 마음은 또 한 번 폭삭 상해 옵니다.

이러한 독서법으로는 그림책을 그림책답게 읽을 수가 없습니다. 당연히 올바른 독서 방법이라고도 할 수 없는 것이지요. 게다가 그림책이 한글떼기용 보조자료가 아닌 바에야 한참 틀린 이 방법을 누군가에게 적극 권유까지 한다는 것은 사람 잡아 놓은 선무당의 어설픔과 다를 바가 없어 보입니다.

생각해 보세요. 부모의 손을 따라 글자를 쫓아가다 보면 그림 속에 담긴 이야기를 제대로 읽어낼 수 있을까요? 한 글자 한 글자에 온 정신을 집중하여 더듬더듬 읽어 내려가노라면 여유롭게 그림을 읽을 겨를이 생긴다고 생각하는지요? 더구나 그렇게 힘겹게 책 한 권을 읽었다 하여, 아이가 글의 의미를 온전히 이해하고 읽었다고 보기도 어렵다면요? 더더구나 그리 읽은 그림책이 재밌으면 또 얼마나 재밌을까도 의심스럽습니다. 아무리 생각해도 무엇 하나 좋은 점이 떠오르지 않으니 제 속이 폭삭거릴 만도 하지 않겠습니까?

유아기의 책 다루기 경험이 초등학교 시기의 읽기와 쓰기 발달에 직접적 영향을 미친다고 하는 점은 누구나 알고 있는 사실입니다.

그러나 이것은 그림책을 그림책답게 즐겁게 읽기만 해도 마음껏 누릴 수 있습니다. 한글을 가르치겠노라 글자 하나하나 손가락으로 꼭꼭 짚어가며 읽지 않아도, 아직 스스로 읽기에 많이 힘겹고 서툰 아이에게 억지로 소리 내어 책읽기를 시키지 않아도 좋은 그림책을 부모와 함께 읽은 경험이 많은 아이라면 누구라도 자연스럽게 누릴 수 있다는 뜻입니다.

게다가 글자에 집착하느라 그림을 놓침으로써 아주 중요한 것을 잃게 된다면 그래도 글자 읽기를 강요하실 건가요?

내 아이가 풍부한 상상력을 갖게 희망하지 않는 부모는 없을 것입니다. 아이들이라면 누구나 풍부한 상상력을 가지고 있는 것처럼 보이지만, 사실 상상력이란 선천적인 것이 아니라고 합니다. 다양한 경험을 통해 후천적으로 습득되는 것이라고 하지요. 이 말은 아이가 자라는 환경이 앞으로 녀석이 갖게 될 상상력의 넓이와 깊이를 결정할 수 있는 중요한 바탕이 된다고 이해할 수 있을 것입니다.

그림책의 그림은 아이의 상상력을 자극합니다. 글작가가 멋들어지게 풀어놓은 이야기도 이야기이지만, 글자를 모르는 아이들에게 글자보다 시각적으로 먼저 와 닿는 그림은 아이들의 말랑말랑한 상상력의 밑씨가 되는 것이죠. 글을 모르는 아이들이 그림을 들여다보며 제 나름껏 이야기를 만들어내어 중얼거리며 읽는 시늉을 하는 모습을 종종 볼 수 있지 않던가요? 모르긴 해도 녀석은 그림을 통해 상상력의 밑씨에 듬뿍듬뿍 물을 주고 있는 중일 것입니다.

그런데도 수월하게 한글을 깨치게 하겠다는 얄팍한 생각에 그림의 중요성을 간과하시겠습니까?

 ★그림 보는 재미가 쏠쏠한 그림책 보따리

그림 구석구석을 뜯어보기 좋아하는 아이들을 위한 그림책 묶음입니다. 그림을 대충 훑는 아이에게는 꼼꼼히 들여다보는 습관을 들이기에도 좋을 만한 그림책들이지요.

《부릉부릉 자동차가 좋아》 / 리처드 스캐리 글 · 그림

《아기 오리는 어디로 갔을까요?》 / 낸시 태퍼리 글 · 그림

《바무와 게로 오늘은 시장 보러 가는 날》 / 시마다 유카 글 · 그림

《꿈꾸는 윌리》 / 앤서니 브라운 글 · 그림

《지하철을 타고서》 / 고대영 글 · 그림

《수잔네의 봄》 / 로트라우트 수잔네 베르너 글 · 그림

《수잔네의 여름》 / 로트라우트 수잔네 베르너 글 · 그림

《수잔네의 가을》 / 로트라우트 수잔네 베르너 글 · 그림

《수잔네의 겨울》 / 로트라우트 수잔네 베르너 글 · 그림

《우리마을 멋진 거인》 / 줄리아 도널드슨 글 · 그림

3부

아이를 위한
그림책 육아 방법론

그림책을 사서 무턱대고 읽어주는 것만이 그림책 육아의 전부가 아님을 알고 있습니다. 막상 그림책 육아를 하겠노라 마음을 다잡았을 때, 부모가 맞닥뜨리게 되는 문제 상황은 참으로 다양하니까요. 어떤 그림책을 어떻게 접해 주어야 하는지부터 시작되는 부모의 고민은 그림책 육아를 진행하면 할수록 쑥쑥 자라는 아이만큼이나 그 종류도 넓고 깊어집니다. 결국 그림책 육아의 과정에서 부딪치는 다종다양한 해결 상황들, 그것을 현명하게 헤쳐 나가는 과정 그 자체가 아이를 위한 그림책 육아의 단단한 방법론이라 할 수 있을 것입니다.

그림책 육아의 과정에서 맞닥뜨리게 되는 부모의 고민은 크게 세 가지로 요약해 볼 수 있습니다. 어떻게 그림책과 만날 수 있을까? 어떻게 그림책으로 놀 수 있을까? 그림책, 어떻게 확장할 수 있을까?

3부에서는 앞선 세 가지 질문을 통해 아이를 위한 그림책 육아 방법론을 찾아보도록 하겠습니다.

1장

어떻게
그림책과 만날까?

12 유아의 발달 특성과 독서 교육법

유아를 위한 그림책을 선택할 때 우선시되어야 할 것은 아이의 발달 단계와 기본적 욕구에 대한 이해일 것입니다. 인지, 사회, 어휘, 도덕, 신체 등 여러 분야에 걸쳐 짧은 시간 안에 폭발적인 성장을 보이는 유아들의 발달 특성을 보건대, 개인의 문학적 취향의 차원을 넘어서 이들 발달 특성에 대한 이해는 그림책 육아를 해 나감에 있어 반드시 갖추어 두어야 할 요소라 할 수 있습니다. 예를 들어 글과 그림의 완성도가 높은 그림책이라 할지라도 당장 아이의 발달 단계에서 소화해 내기 버겁다면 책의 온전한 의미 전달을 위해 훗날을 기약하는 것이 바람직하다는 것이지요.

유아의 보편적 발달 특성과 함께 반드시 고려해야 할 사항이 하나 더 있으니, 유아의 개인차에 대한 이해와 배려가 그것입니다. 아이의 독서 경험이란 연령이 높아질수록 그 편차는 커질 수밖에 없습니다. 때문에 아이에게 적절한 그림책을 선정함에 있어 기준으로 삼아야 할 사항은 아이의 현재 월령이 아닌 아이의 현재 독서 수준이라고 하겠습니다. 곧 해당 월령의 아이들이 읽는 평균적 난이도에 못 미치는 그림책이라 할지라도 그것이 아이의 독서 수준에 걸맞다면 그 단계의 그림책부터 차근차근 시작하는 것이지요. 이 과정을 밟아가면서 점차 독서 수준을 높여가는 것이 바람직한 그림책 육아법이라고 할 수 있습니다.

0~1세

그림책을 만져보고 들여다보는 방법으로 책과 상호작용을 하는 시기입니다. 그림책의 내용보다는 여러 장의 그림이 있고 책장을 넘기면 다른 그림이 나타난다고 하는 책의 물리적 특성을 즐기는 것이지요. 곧 그림책을 읽기 이전에 그림책을 탐색하는 준비단계라고 할 수 있습니다. 때문에 헝겊, 비닐, 고무, 소리가 나는 그림책 등 다양한 감각을 자극할 수 있는 장난감스러운 그림책이 적절합니다. 신체 발달상 대조적인 색 패턴을 좋아하므로 배경과 대조되는 단순하고 밝은 색깔의 그림이 적당합니다. 예를 들어 파스텔조의 그림보다는 흰색 바탕에 까만 글씨 같은 대조가 그것입니다.

1~2세

이 시기의 아이들은 일상생활 속에서 접하고 있는 사물이나 인물을 소재로 한 내용을 즐거워합니다. 예를 들어 동물에 대한 그림책이라면 야생동물보다는 강아지나 고양이처럼 주변에서 자주 접한 동물을 좋아합니다. 또한 가족들의 이야기나 목욕하기, 옷입기 등 자신의 생활습관과 관련된 그림책을 좋아하는 것도 그 특징이라 할 수 있습니다. 언어의 기초가 발달하는 단계로서 반복적 운율이 있는 간단한 이야기를 많이 들려주는 것이 좋습니다. 부모와의 따뜻한 관계를 통해서 기본적인 신뢰감이 형성되는 시기이므로, 많은 책을 읽히겠다 욕심을 부리기보다는 많이 놀아주고 보듬어 수고 안아주는 것이 더욱 중요한 시기이기도 합니다.

3～5세

주변 세계에 대한 호기심이 증가하면서 "이게 뭐야?", "왜 그래?"라는 질문을 많이 하게 됩니다. 때문에 간단한 개념을 익히는 그림책이나 지식정보 그림책들이 유아의 다양한 호기심을 충족시키기에 적당합니다. 상상 놀이를 통하여 주변 세계를 배우게 되는데, 이것은 언어 발달과 함께 역할 놀이, 사회극 놀이로 발전을 합니다. 때문에 장난감과 동물이 의인화된 환상그림책을 좋아하게 되지요. 어휘수가 빠르게 증가하면서 운율, 유머, 반복과 구성이 점증적인 이야기를 즐거워합니다. 또한 자아개념이 발달하면서 자립심이 발달하는 시기이기도 합니다. 만 3세경부터 자율성에 대한 욕구가 강해지면서 "내가 할 거야"라는 이야기를 많이 하게 됩니다. 자립심을 다룬 그림책들을 많이 읽어주는 것이 도움이 됩니다. 5~6세경에는 칭찬과 벌을 통해 도덕성이 발달하기 시작하므로, 권선징악을 다루는 전래동화가 호소력을 갖게 됩니다.

6~7세

실제와 환상을 더 많이 구별할 수 있으나 여전히 자기중심적 사고를 합니다. 때문에 전래동화나 환상그림책을 꾸준히 좋아하지요. 호기심의 폭이 넓어지는 시기인 까닭에 그에 걸맞은 다양한 종류의 그림책을 제공해 주는 것이 좋습니다. 특히 자연현상이나 다른 문화에 대한 관심을 갖기 시작하면서 그에 답해 주는 지식정보 책들의 범주를 넓혀가야 합니다. 언어가 계속 확장되고 발달하므로 다양한 문학작품을 접할 수 있도록 배려하는 것은 필수적입니다. 학교와 사회에 대한 관심이 증가하면서 친구관계가 점차 중요해지는 시기이기도 합니다. 그러므로 긍정적인 친구관계를 다룬 책을 넣어준다면 아이들의 사회성 발달에 도움을 줄 수 있습니다. 신체 발달상, 성차(性差)와 생식(生殖)에 대한 호기심을 보이는 시기이므로 그에 적합한 그림책들을 읽혀주는 것도 필요합니다.

★참고 문헌

《유아문학교육》/ 김현희 · 박상희, 학지사

《유아문학론》/ 이상금 · 장영희, 교문사

《유아문학교육》/ 김세희, 양서원

13 돌쟁이를 위한 그림책 육아법

　아이에게 그림책 육아를 시작해야겠다 마음먹긴 했으되, 무엇을 어떻게 해야 할지 그 막막함을 호소해 오는 경우가 많습니다. 그림책의 선택에서부터 읽어주는 방법까지 초보엄마는 모르는 것투성이지요.

　더구나 물고 빠는 것 외에는 도무지 관심이 없어 보이는 아이에게 그림책을 읽어준다는 것이 지나친 교육열을 불태워 아이를 혹사시키는 것은 아닌지 자기검열의 날을 세우게 되는 것도 이 무렵입니다. 그러나 이 시기의 아이들도 충분히 그림책과 소통할 수 있다는 것은 이미 널리 알려진 사실입니다. 중요한 것은 아이들이 그림책과 즐겁게 소통할 수 있는 환경을 만들어 주는 것이며, 그 역할은 오롯이 부모의 몫이라는 점입니다.

월령별 그림책 정보가 궁금하다면?

아이 월령에 적합한 그림책에 관한 정보를 얻을 수 있는 가장 쉬운 출발법은 어린이도서연구회에서 발행하는 권장도서목록을 참고하는 것입니다. 아이마다 취향에 따른 개인차가 있기는 마련이어서 권장도서목록에 있는 그림책들을 우리 아이 또한 반드시 좋아한다 할 수는 없으나, 적어도 검증 받은 그림책들로 구성된 이들 목록은 초보 엄마에게는 훌륭한 길잡이 노릇을 해줄 수 있습니다.

가능하면 서점에 나가 책을 직접 보고 고르는 것이 좋겠습니다마는 아이가 어려서 외출하기 어려운 시기이므로 그림책 육아에 대한 정보를 공유하는 인터넷 카페를 이용하는 것도 여러모로 도움이 됩니다. 육아 현장에서 우러나오는 살아있는 서평들이 많은 까닭에, 초보 엄마의 육아 고민에 대한 팔딱팔딱한 조언을 들을 수 있거든요.

그림책 육아와 관련된 육아서들도 훌륭한 지침이 됩니다. 월령별 추천 그림책에 관한 정보는 물론이거니와 그림책과 그 작가에 관한 깊이 있고 폭넓은 정보를 얻을 수 있어 좋은 그림책을 고르는 안목을 쌓는 데 상당히 유용합니다.

이처럼 다양한 경로로 그림책에 대한 정보를 수집하는 과정을 겪으면서 부모는 책을 보는 안목을 자연스럽게 키워나갈 수 있습니다. 그림책 육아를 함에 있어 반드시 갖추어야 할 필수 항목 중 하나가 좋은 그림책을 고르는 안목이라고 했을 때, 그것을 위해 들이는 시간과 노력은 아까워하지 말아야겠습니다.

★ **월령별 그림책 정보를 얻을 수 있는 사이트**

• 어린이도서연구회 http://www.childbook.org

• 그림책 읽어주는 엄마 http://cafe.naver.com/bookmami

• 오른발왼발 http://www.childweb.co.kr

★ **그림책 고르는 안목을 키우는 데 유용한 육아서**

《그림책》/ 최윤정, 비룡소

《하하아빠, 호호엄마의 즐거운 책 고르기》/ 가영아빠 외, 휴머니스트

《그림책과 작가 이야기》/ 서남희, 열린어린이

《비교해 보는 재미, 그림책 이야기》, / 탁정은, 한림출판사

《그림책 사냥을 떠나자》/ 이지유, 미래M&B

그림책을 물고 빨기만 한다면?

이 시기의 아이들에게 세상이란 말 그대로 호기심 천국입니다.
물고 빨고 뒤져보기라는 온몸학습법을 이용해 세상을 탐색하느라
바쁜 아이들인 까닭에, 부모가 읽어주는 그림책을 얌전히 앉아 듣
기란 처음부터 어려운 노릇입니다. 때문에 그림책을 읽어주면 들으
려는 생각은 않고 물고 빨기만 한다고 걱정하실 필요는 없습니다.
아이는 지금 물어도 보고 빨아도 보고 때로는 한 장 한 장 들춰보기

도 하면서 '그림책'이라는 낯선 사물을 탐색하는 중이니까요. 그러한 탐색의 시간을 거쳐야 비로소 딱딱한 표지를 들추면 그 안에 재미있는 이야기가 들어 있으며 이야기를 듣고 싶으면 그림책을 들고 부모의 무릎에 앉으면 된다는 사실을 깨닫게 되는 것입니다.

하여 그림책을 한창 맛나게 쭐쭐 빨고 있는 아이에게 "빨면 안 돼, 지지야"라는 소리는 좀 아껴두실 필요가 있습니다. 모르긴 해도 머루알 같은 눈으로 아이는 이렇게 말하고 있을 것입니다.

"엄마, 난 지금 그림책이 무엇인지 알아보고 있는 중인걸요."

그러니 빨지 말라는 부정어를 남발하기에 앞서 빨아도 괜찮을 만한 헝겊책, 보드북 등으로 준비해 두시는 센스를 발휘해야겠지요.

★물고 빨아도 걱정 없는 그림책

책을 빠는 것이 아이의 건강에 해가 되지 않을까 걱정이 된다면 천연펄프와 콩기름으로 인쇄한 그림책은 어떨까요? 문학동네어린이에서 나온 '아기시 그림책' 시리즈입니다.

《구슬비》,《아기와 나비》,《누가 누가 잠자나》

읽어주는 요령이 궁금하다면?

앞서 말씀드린 바대로, 그림책을 원래의 쓰임에 맞게 가지고 노는 방법을 깨우치기까지 아이에게는 시간이 필요합니다. 그러기 위해서는 무작정 그림책을 던져주고 물고 빨게만 해서는 또한 곤란합니다. 그림책은 딸랑이와는 서로 다른 방식으로 즐길 수 있다는 것을 아이에게 보여 주어야겠지요.

우선, 책이란 처음부터 끝까지 진득하게 읽어야만 제대로 읽은 것이라는 어른의 고정관념을 털어버린 후 읽어주기에 돌입하셔야 합니다. 엄마 무릎에 앉아 곧잘 듣는 척하다가도 몇 장 넘기기 무섭게 발발 기어 저리로 가버리는 아이의 뒤통수에,

"어디 가? 마저 읽어야지."

라는 소리는 하나마나합니다. 아이는 아직 책이라는 구조물의 특성, 즉 처음부터 끝까지 어떤 일관된 기준으로 이야기가 전개된다는 것을 이해하지 못하는 것뿐이니까요.

또는 저 혼자서 페이지 넘기는 것을 좋아하나 유난히 엄마가 읽어주겠다면 도리질을 치는 아이라면 다음과 같은 방법을 써볼 수도 있습니다. 아이가 혼자 페이지를 넘기며 놀고 있을 때 가볍게 치고 들어가는 것이지요.

"우리 가연이가 책을 보고 있구나. 바나나가 있네. 길쭉길쭉 노랗고 달콤한 바나나. 아, 맛있겠다."

이처럼 아이가 막 들여다보고 있는 페이지에 관한 이야기를 툭툭 던져주는 것입니다. 그러한 경험이 반복되다 보면 부모의 말과 그

림 사이에 어떠한 관계에 놓여 있다는 것을 아이도 깨닫게 됩니다.
이후 읽어 달라 들고 오는 것은 시간문제가 되겠지요.

　한 페이지만 보아도 좋다는 가벼운 마음, 돌쟁이 아이에게 그림
책 읽어주기 요령의 핵심입니다.

14 애착이 형성되는 시기, 체온으로 읽어주자

두 돌 이전의 영아기는 '애착'이라고 하는 중요한 사회적 발달이 형성되는 시기라고 합니다. '애착'이란 영아와 부모(특히 엄마)와의 사이에 형성되는 친밀한 정서적 유대감을 의미하는데요, 영아기에 형성된 애착은 이후 인지, 정서, 사회성 발달에 중요한 영향을 미치게 된다고 합니다.

영아기의 애착 발달은 이 시기 아이들을 위한 그림책 육아를 어떻게 진행해야 할지에 대한 중요한 힌트로 작용합니다. 아이의 언어와 인지 발달에 긍정적 자극을 주겠다는 것이 아닌, 그림책을 매개로 아이가 부모에 대한 든든한 신뢰감을 쌓을 수 있도록 하는 것을 최상의 목적으로 두고 진행해 나가야 한다는 것입니다. 부모의 따뜻한 체온을 온몸으로 느끼며 그림책을 읽어주는 부모의 포근한 목소리를 귀로 듣는 경험은 긍정적인 애착 관계를 형성하도록 도움을 주기 때문입니다.

그러므로 영아기의 그림책 육아는 그림책을 통해 대단한 지식과 정보를 깨우치게 하는 것이 아닌, 그림책을 매개로 아이의 긍정적인 애착 발달을 형성해 나간다는 차원에서 진행되는 것이 바람직합니다.

그림책으로 상호작용하자

그림책이 부모와 아이가 상호작용할 수 있는 매개체로서 역할을 한다는 것은 아이의 월령을 초월하여 의미를 갖습니다. 그중에서도 특히 애착 발달이 형성되는 두 돌 이전의 아이에게 그림책을 읽어 준다는 것은, 엄밀히 말해 책을 읽어준다는 생각보다는 책을 통해 아이와 상호작용을 한다는 생각으로 진행해야 합니다. 그러므로 하루에 몇 권의 그림책을 읽었느냐보다 단 한 권이라도 아이와 즐겁게 상호작용을 했느냐에 무게중심을 두어야겠지요.

상호작용은 "이게 뭐야?"라는 질문을 던지면서 가능해집니다. 한창 사물의 이름을 궁금해 하는 시기인 까닭에 이같은 질문은 아이의 주의를 집중시키는 주문과도 같습니다. 딸아이 16~7개월 즈음이었을 때, 녀석의 주의를 집중시킬 일이 있다면 "이게 뭐야?"라는 질문 하나면 가능했었습니다. 엄마의 이 질문 한마디면 하던 일 작파하고 여지없이 쪼르르 달려와 확인을 해야 하는 녀석이었기 때문이지요. 그림을 보며 아이가 반응을 보인다면 부모는, "그래, 부릉부릉 자동차야"라고 확인을 해 주며, 이렇다 할 반응을 보이지 않는

다면 "세진이가 좋아하는 부릉부릉 자동차지?"처럼 대신 반응하여
줄 수도 있습니다.

이처럼 짤막한 그림책 한 권으로 서로의 생각을 묻고 대답하는
즐거운 상호작용을 통해 아이는 부모에 대한 애착을 형성해 나갈
수 있습니다. 이 시기 아이의 발달 과업 중 중요한 부분을 그림책을
통해 성취해 나갈 수 있다는 이야기가 되지요.

오디오가 읽어주는 그림책?

간혹 부모가 읽어주는 대신 구연동화 테이프나 CD를 많이 들려
주면 여러모로 좋지 않겠느냐는 질문을 받고는 합니다. 하루 동안
엄마가 읽어줄 수 있는 그림책의 권수는 한정이 되어 있지만, 구연
동화 CD는 배경음악처럼 늘 깔아놓을 수 있으니 아이에게는 여러
모로 자극이 되지 않겠냐는 것이지요. 게다가 정확한 발음으로 매
끄럽고 세련되게 읽어주는 성우들의 구연에 부모의 서툰 구연을 비
교할 수 없다면 말입니다.

그러나 구연동화 CD와 테이프에는 중요한 한 가지가 빠져 있습
니다. 그것들은 부모처럼 따뜻하고 포근한 체온을 가지고 있지도
않을뿐더러, 부드럽게 상호작용해 주지도 않는 차가운 기계 장치에
불과하다는 것이지요. 이 말은 부모의 기대만큼 그것들이 큰 효과
를 가져다줄 수 있는 존재는 아니라는 뜻이기도 합니다.

모든 교육이 그러하겠지만 영아기 그림책 육아 또한 양보다는 질

의 개념으로 다가서야 합니다. 여기에서 '질'이란 부모의 사랑과 정성의 양과 비례 관계에 놓여 있다 하겠습니다. 때문에 조금 어설프고 투박하다 하더라도 애정 어린 따스함이 물씬거리는 엄마의 체온으로 읽어주는 그림책과 비교할 만한 고품질의 그림책 육아법은 없습니다. 중요한 것은 구연의 기술이라는 기교와 형식이 아닌, 애정 어린 따스함이 물씬거리는 구연의 마음이라는 것 또한 잊지 말았으면 좋겠습니다.

★애착이 미치는 영향

일반적으로 안정된 애착 관계를 형성한 영아는 유아기에 자신감, 호기심, 타인과의 관계에서 긍정적인 성향을 보이는 것으로 나타납니다. 또한 아동기에 접어들어서도 도전적인 과제를 잘 해결하고, 좌절을 잘 참아내며 문제 행동을 덜 보인다고 합니다. 뿐만 아니라 영아기에 형성된 애착은 이후 주변 세계에 대한 신뢰감으로 확대되기도 한다고 하니, 그 중요성이 얼마나 큰지 알 수 있습니다.

15 '앉은자리 반복기'를 보내는 현명한 자세

　아이의 성장이란 한 단계 한 단계를 밟고 올라가는 과정의 연속이라 할 수 있습니다. 정상에 오르기 위해서는 반드시 산 아래에서부터 차근차근 밟아가야 하며, 된밥에 나물 반찬을 먹기 위해서는 이유식기를 충분히 거쳐야 하며, 자박자박 걷기 위해서는 뒤집고 기는 과정을 충분히 겪어야만 가능해집니다.

　그림책 육아도 마찬가지입니다. 아이의 발달 단계별로 달라지는 독서의 패턴 또한 한 단계를 충실히 잘 거쳐야만 그 다음의 단계로 나아갈 수 있습니다. 성급한 마음에 재촉하고 등 떠민다 하여 다음 단계로 올라서는 것이 아니라는 뜻이지요. 그러므로 부모는 아이의 발달 단계가 어디쯤에 와 있는지 세심히 관찰하고 그 단계를 충분히 누릴 수 있도록 배려해 주는 자세를 반드시 갖추어야 합니다.

먼저 지치지 마라

아이들마다 편차는 있으나 보통 세 돌 이전의 아이들에게 나타나는 독서의 패턴은 같은 그림책을 수도 없이 반복하려고 한다는 점입니다. 제 마음에 드는 그림책은 앉은자리에서도 "또, 또, 또 읽어 줘"를 연발하는 것을, 이맘때의 아이를 키우는 부모라면 누구나 신물나게 경험하고 있으니까요. 곧 이와 같은 반복은 이 시기 독서의 지극히 일반적이며 공통적인 현상이라고 할 수 있습니다.

그런데 읽어주는 부모 입장에서는 그처럼 곤욕스러운 노릇도 없습니다. 눈 감고도 줄줄 읽을 수 있을 정도로 반복을 해 주었건만, 아이가 읽어 달라는 책은 매양 또 그 책이니, 마음 같아서는 책을 어디 깊숙한 곳에 숨기고 싶다고까지 합니다.

이제 와 고백하지만 저 또한 그런 이유로 딸아이가 애지중지 좋아하는 그림책을 슬쩍 돌려꽂아 놓은 적이 있었습니다. 반복하는 이 시기의 습성이야 모르는 바는 아니었지만 유난히 심하게 반복을 해달라는 책이었던지라, 너무도 괴로운 마음에 표지가 아이의 눈에 띄지 않도록 돌려꽂는 심술을 부렸던 것이지요. 딸아, 참을성 없었던 엄마를 이해해 다오.

이처럼 같은 책을 몇 번이고 반복하는 영유아기의 독서 패턴을 대개 '정독'이라는 표현을 쓰곤 합니다. 그러나 '정독'이란 애초에 한 글자 한 구절도 빠뜨리지 않고 내용을 캐면서 깊게 읽는 것을 의미한다고 했을 때, 영유아기의 반복적 습성을 표현하기에는 적합하지 않다는 생각이 들어, 저는 '앉은자리 반복'이라는 용어를 사용하기로 하겠습니다.

이 시기 아이들이 앉은자리 반복을 즐기는 이유는 무엇보다 이미 알고 있는 것을 재확인하는 즐거움을 맛보기 위함입니다. 다음 페이지에 나오는 내용이 자신의 예측과 맞아떨어졌을 때 기쁨과 즐거움을 느끼며, 그러한 감정을 반복하여 즐기고 싶기 때문인 것이지요. 손바닥 뒤에 엄마 얼굴이 있다는 것을 예측하고 있던 차에, 엄마가 불쑥 얼굴을 내밀고 '까꿍!' 한마디 하면 까르르 넘어가는 아이들이나, 다음 상면에서 어떤 이야기가 나올지 빤히 알고 있으면서도 같은 영상물을 늘어지도록 보는 아이들의 특성을 보면 영아기의 이 같은 특징은 고개가 끄덕여집니다.

욕심 부리지 마라

그와 같은 까닭에 앉은자리 반복기의 아이들에게는 책낯가림이 많습니다. 익숙지 않은 그림책은 내용이 무엇이든 선뜻 손을 뻗어 읽으려 하지 않습니다. 엄마 마음이야 두 번 안 읽어도 좋으니 일단 한 번 펼쳐 보기라도 하면 좋으련만, 아이는 새 책을 내미는 엄마의 손을 매정하게 뿌리칩니다. 사실 익숙하고 친근한 것을 좋아하는 이 시기 아이들의 특성을 생각한다면(아이의 낯가림을 떠올려 보세요.) 이 같은 행동은 지극히 당연할 것이나, 이 책 저 책 다양하게 읽어 보기를 바라는 부모는 속이 바짝 타는 것도 사실이지요.

그러나 부모의 바람과는 별개로 '앉은자리 반복기'의 아이들에게는 많은 종류의 그림책이 필요하지 않습니다. 얼마나 많은 그림책을 읽었느냐보다는 같은 책이라도 얼마나 많은 반복을 했느냐가 더 중요한 까닭입니다. 때문에 이 시기의 아이들에게 다종다양한 책읽기를 바라는 것은 부모의 욕심에 불과합니다. 비유컨대 이는 엉금엉금 기고 있는 아이에게 빨리 뛰어 보라고 재촉하는 것과 마찬가지라 할 수 있습니다.

'앉은자리 반복기'를 잘 보내는 방법은 오로지 한 가지입니다. 반복해서 읽어 달라는 아이의 요구에 충실히 응해 주는 것이지요. 같은 책을 반복하여 읽어주기 지겹다는 이유로 익숙한 책을 치워버리거나 새 책을 강요하는 것은 결코 바람직하지 않습니다. 그림책 육아란 부모 스스로가 아닌, 아이를 향하고 있다는 점을 생각한다면 아이가 즐거움을 만끽하는 방식을 최대한 존중하고 배려해 주어야 한다는 사실을 한시도 잊어서는 곤란합니다.

'앉은자리 반복기', 그림책 육아의 첫 단계요 첫 단추라고 할 수 있습니다. 이 시기를 얼마나 즐겁게 흠뻑 즐겼느냐에 따라 앞으로의 그림책 육아의 진행 방향을 가늠할 수 있습니다.

아이의 끝이 없을 것 같은 반복 요구에 절대 먼저 지치지 말 것.

이 책 저 책 많이 읽히겠노라 절대 욕심 부리지 말 것.

'앉은자리 반복기'를 보내는 가장 현명한 방법입니다.

★책낯가림 대처법

아무리 앉은자리 반복기라 해도, 좋은 그림책을 조금 더 맛보게 해 주고 싶은 것은 부모의 솔직한 마음입니다. 그렇다면 많이 읽혀야겠다는 욕심을 거품부터 살짝 걷어 낸 후, 다음과 같은 방법 한 번 써보시길 권해드립니다.

• 책은 표지가 보이도록 꽂아 놓자

아이가 맛을 들여 주었으면 하는 그림책은 표지가 보이도록 꽂아 놓습니다.
오며가며 보다보면 어쩐지 친숙해 보여 읽어 보겠노라 손을 뻗을 수도 있거든요.

• 엄마 혼자 깔깔거리며 읽어 보자

"이게 뭐야? 하하, 재밌구나." 아이 앞에서 그림책을 펴놓고 재밌게 읽는 모습을 보여줍니다. 우리 엄마, 뭐가 저리 즐겁다는 것인지 호기심 발동한 아이, 슬금슬금 엉덩이를 들이밀 수도 있습니다.

• 익숙한 책들 틈바구니에 슬쩍 끼워 놓자

새 책을 구입한 즉시 읽히려 하기보다는 아이가 좋아하는 그림책들 사이에 슬쩍 끼워 놓아 며칠 익숙하게 만든 후, 읽어주기를 시도해 봅니다. 읽어줄 때에도 좋아 하는 그림책을 몇 권 읽어준 후, 새 책을 내밀어 봅니다.

16 그림책 용어가 궁금해

하드커버(hard cover, hard back)

양장본이라고도 하며 두껍고 딱딱한 합지(合紙, 2장 이상의 종이나 판지를 서로 붙이는 것)로 표지를 만들어 붙인 책을 의미합니다. 고급스럽고 품위가 있으며 내구성이 뛰어난 까닭에, 백과사전·법전·보관용 장서 등에 두루 쓰입니다. 우리나라에서 출판되고 있는 대개의 그림책은 하드커버의 형태를 취하고 있습니다. 페이퍼백과 하드커버의 차이는 표지 두께 차이를 말하며 같은 내용이지만 단단하게 만들어져 있어 가격이 비싼 편입니다.

보드북(board book)

합지본이라고도 합니다. 표지뿐 아니라 본지도 딱딱한 합지로 만든 책으로서 본지의 두께가 두꺼워(약 2mm 정도) 아이들이 책장을 쉽게 넘길 수 있고 잘 찢어지지 않습니다. 때문에 대개 그림책을 처음 접하는 0~2세의 영아를 위한 책이 많습니다. 그림책에 따라 차이는 있지만 일반적으로 하드커버보다 전체 페이지 수는 적은 경우가 많으며, 책의 크기 또한 작은 경우가 많습니다.《사과가 쿵!》,《누가 내 머리에 똥 쌌어?》,《응가하자, 끙끙》등의 영아를 대상으로 하는 책들은 하드커버와 보드북의 두 가지 형태로 출판되기도 합니다.

페이퍼백(paper back)

반양장본이라고도 합니다. 주위에서 흔히 볼 수 있는 책으로 표지의 두께가 스케치북 정도이거나 이보다 얇게 만들어졌습니다. 책에 따라 다소 차이는 있지만 겉표지의 두께와 책 내용이 들어 있는 본지의 두께가 같은 경우와 본지의 두께가 약간 얇은 경우가 있습니다. 하드커버에 비해 가격이 저렴하고 가벼워서 대량의 염가판으로 보급할 목적으로 한 책입니다. 수입해 들어오는 영어 그림책의 경우 하드커버, 보드북, 페이퍼백의 세 종류로 다양하게 출판되고 있으나 우리나라에서 출판된 그림책에서 페이퍼백은 많지 않은 편입니다. 이억배 그림의《손 큰 할머니의 만두 만들기》, 권윤덕의《엄마, 난 이 옷이 좋아요》, 한병호 그림의《도깨비와 범벅장수》등을 예로 들 수 있습니다.

팝업북(pop-up book)

　펼치면 그림이 튀어나오는 책을 의미합니다. 엄밀하게 말하면 입체로 만들어진 놀이 책과 종이로 만들어진 플랩(그림의 일부를 펼칠 수 있도록 구성한 장치)과 플탭(장치를 잡아당겨 대상을 움직이도록 만든 탭 장치)과 같은 기법들로 만들어진 삼차원의 종이그림을 모두 포함한 책을 의미합니다. 그러나 팝업북이라고 하면 대개의 독자들은 입체적으로 튀어나오는 책을 떠올리는 것이 일반적입니다. 이같은 형태의 책은 독자에게 호기심을 일으키며 실마리를 제공하여 독자와 대화할 수 있다는 점에서 의의를 지닌다고 할 수 있습니다. 조나단 램버트 그림의《입이 큰 개구리》, 존 시빅 그림의《내셔널 지오그래픽 자연대탐험》등을 예로 들 수 있습니다.

플랩북(flab book)

　책 내용을 보다 흥미롭게 하기 위해서 그림의 일부를 펼쳐 볼 수 있도록 만들어진 책으로, 아이들의 관심과 상상력을 키울 수 있도록 만들어진 책입니다. 하드커버, 보드북, 페이퍼백 등의 형태에 상관없이 각각의 형태를 갖추고 있습니다. 플랩북은 플랩을 열었을 때 다음 장면의 이야기가 그려져 있어서 먼저 어린이들의 호기심을 유발시킨 후, 바로 궁금증을 해소시켜 줄 수 있는 형태가 있고, 플랩 속에 이야기글이나 대화글이 들어 있는 경우가 있습니다. 아츠코 모로즈미의《아기토끼 날개책 시리즈》, 기무라 유이치의《꾸벅인사놀이》등을 예로 들 수 있습니다.

17 아이의 관심사에 접속하라

아이들은 그들의 시각에서 그려진 작품을 선호한다고 합니다. 슐라거(Schlager)는 7세에서 12세까지 아동들의 전형적인 행동 특성과 뉴베리수상 아동도서 중 도서관에서 가장 높은 인기도를 보이는 책들과 가장 낮은 인기도를 보이는 책에 나오는 주인공들의 행동 특성과의 관련성을 연구했습니다. 그 결과 가장 인기 있는 책들은 아동의 세계를 그리고 있었으며 반대로 인기 없는 책들은 아동과 다른 시각에서 내용이 전개된 것들이었다고 합니다.

군이 전문가의 연구 결과를 끌어들이지 않아도 아이를 키우다 보면 자신들의 눈높이에서 그려진 그림책에 대한 녀석들의 반응이 참으로 폭발적임을 알 수 있습니다. 치뛰고 내리뛰는 말썽을 부리다 엄마에게 혼쭐이라도 난 경험이 있는 아이라면《괴물들이 사는 나라》에 코를 박을 것이고, 바쁜 아빠 엄마 때문에 할머니 집에 맡겨진 경험이 있는 아이라면《아무도 모를 거야 내가 누군지》의 심통쟁이 건이에게 끄덕끄덕 감정이입을 하게 되겠지요.

여담을 하나 해 보겠습니다. 딸아이가 막 발레를 배우기 시작했을 때, 녀석의 관심사는 오로지 발레에만 쏠려 있었습니다. 장래에 발레리나가 되겠다는 야무진 포부를 갖게 되는 것을 시작으로, 스케치북은 온통 발레리나들이 차지했으며 시도 때도 없이 무반주 발레 동작을 선보였지요. 그런 딸아이를 위해 이치카와 사토미의 《꼬마 발레리나 타냐》 시리즈를 한 권 두 권 사 주기 시작했습니다. 한창 관심사가 쏠려 있는 부분을 그림책으로 톡 건드려준 것이니 딸아이의 폭발적 반응이야 당연하겠지요. 읽고 읽고 또 읽으며 맹렬히 즐거워합니다. 그뿐이 아닙니다. 타냐 시리즈가 계기가 되어 딸아이는 이치카와 사토미 그림책의 열혈 팬이 되었습니다. 그녀의 그림책이라면 죄다 읽겠다고 덤벼들더군요. 도서관에 가서도 용케 이치카와 사토미의 그림책을 찾아들고 옵니다. 발레로 시작한 책읽기가 이치카와 사토미의 모든 작품으로까지 영역 확장이 된 것입니다.

아이가 책읽기에 좀체 흥미를 붙이지 못한다면 녀석의 관심사부터 접속해 보는 것은 어떨까요? 예를 들어 탈것 장난감을 가지고 노는 데에만 정신을 쏙 빼고 있는 아이라면 탈것 그림책부터 시작을 하는 것이지요. 공룡 장난감에 푹 빠진 아이라면 공룡 그림책은 어떻습니까? 아이들은 그림책에 등장하는 탈것과 공룡들이 펼치는 흥미진진한 이야기를 읽으면서 자신이 좋아하는 것을 즐기는 방법이 플라스틱 장난감 하나에만 한정되어 있지 않다는 것을 깨닫게 됩니다. 장난감을 가지고 노는 것과는 조금 다르지만 그림책을 통해서도 탈것 또는 공룡을 참으로 재미나게 즐길 수 있다는 사실을 알게 될 것이니 그림책에 대한 긍정적 인상을 갖게 하는 데 이보다 쉽고 좋은 접근법은 없어 보입니다.

어떤 부모들은 다양한 책을 골고루 읽지 않고 탈것 관련 그림책만 읽으려 하는 아이의 책 편식에 대해 걱정을 하기도 합니다. 하지만 '탈것'이라는 한 가지 소재를 가지고도 깊고 다양한 책읽기는 충분히 가능합니다. 소재는 탈것이되 그것을 바탕으로 이야기를 풀어가는 방식이나 작가가 전달하고자 하는 주제는 모르긴 해도 그림책의 수만큼이나 가지가지 많을 테니까요. 손품과 귀품을 팔아 폭넓게 그림책을 골라주려는 부모의 노력만 조금 뒷받침된다면, '탈것'이라는 한 가지 소재만 가지고도 아이는 다양한 종류의 그림책을 폭넓게 읽는 경험을 누릴 수 있습니다.

예를 들어 볼까요? 탈것 장난감만 가지고 놀기를 즐기는 어린 월령의 아이라면 바퀴가 달리거나 누르면 빵빵 소리가 나기도 하는 장난감 형태의 그림책으로 시작할 수 있습니다. 그림책과 장난감의 중간 정도라고 할 수 있는 이 같은 류의 책들은 장난감에 쏠려 있는 아이의 관심을 좀 더 쉽게 책으로 유도할 수 있다는 장점이 있지요. 바이런 바튼의 《기차》, 《비행기》처럼 탈것들에 관한 짤막한 정보를 전달해 주는 책들은 장난감이 채워주지 못하는 아이들의 호기심을 채워줄 것입니다. 더 나아가 우주선에도 관심을 보인다면 《신나는 우주탐험 우주선》을 읽힐 수도 있습니다. 우주선의 원리와 구조뿐 아니라 우주에 관한 정보까지 챙길 수 있으니 탈것에 대한 호기심 하나로 가벼운 백과까지 읽어낼 수 있는 독서력을 지니게 되는 것이지요. 그뿐인가요?《말괄량이 기관차 치치》를 읽으면서 책임감에 대해서 배울 수도 있을 것이며,《야, 우리 기차에서 내려》에서는 환경문제에 대해서까지 고민해 볼 수 있는 계기가 되기도 합니다. 시작은 탈것이었으되 그 넓이와 깊이는 이처럼 다양해질 수 있습니다.

아이의 관심사에 맞춘 책읽기 진행을 고민하지 않아도 되는 또 다른 이유가 있습니다. 다행히도 아이의 관심사라는 것은 한가지로 고정되어 있는 것이 아닌, 언제 어떻게든 늘 변하게 되어 있다는 사실이 그것이지요. 보통 남아들의 경우, 탈것 → 공룡 → 로봇으로 관심사가 변하더라는 선배맘들의 농담 섞인 이야기를 흔히 들을 수 있습니다. 제 딸아이의 경우도 심해생물 → 발레 → 공주 → 환경문제 등 어떤 것이 계기가 되면 녀석의 관심사는 훌쩍훌쩍 잘도 변해 왔으며, 지금도 그것은 변화 중에 있습니다.

이럴 때 부모는 아이의 관심사를 배려해 주는 역할을 충실히 담당함으로써 보다 효과적인 그림책 육아를 해나갈 수 있습니다. 딸아이가 심해생물에 대해 한창 심취해 있을 때 저희 부부는 그림책은 물론이고 심해생물과 관련된 다큐멘터리를 이것저것 구해서 보여주는 것으로 딸아이의 알고자 하는 욕구를 채워 주었습니다. 그리고 그것이 딸아이가 그림책을 더욱 즐거워하는 계기 중의 하나가 된 것임은 틀림없는 사실이라 의심치 않습니다.

아이가 도통 그림책에 관심을 보이지 않는다고 고민하기에 앞서 아이가 무엇을 좋아하고 무엇에 관심을 쏟고 있는지부터 세심하게 관찰해 보는 것은 어떨까요? 그리고 아이의 호기심을 충족하고 관심을 확장시킬 수 있는 그림책들을 한 권 한 권 골라 넣어주는 것은요? 그 과정을 통해 그림책이란 장난감만큼이나, 놀이터만큼이나 즐거운 것이구나를 깨달을 수 있다면 아이가 다른 분야의 그림책까지 넘보는 것은 시간문제에 지나지 않을까 싶습니다.

오늘 아이는 무엇을 궁금해 했나요?

★남자아이들의 관심사에 짝짝 맞는 그림책 보따리

《꼬마 비행기 플랩》 / 마츠모토 슈헤이 글 · 그림

《냄새차가 나가신다》 / 케이트 맥밀란 글 · 짐 맥밀란 그림

《난 자동차가 참 좋아》 / 마가렛 와이즈 브라운 글 · 김진화 그림

《화물열차》 / 도널드 크루즈 글 · 그림

《해치와 괴물 삼형제》 / 정하섭 글 · 한병호 그림

《IQ똑똑 공구놀이》 / 석지민 글 · 김성희 그림

《불과 소방관》 / 실비 보시에 지음 · 클로틸드 페렝 외 그림

《똥떡》 / 이춘희 글 · 박지훈 그림

● 여자아이들의 관심사에 짝짝 맞는 그림책 보따리

《낸시는 멋쟁이》/ 제인 오코너 지음, 로빈 프레이스 글 · 래서 그림

《루시의 작지 않은 거짓말》/ 로라 랜킨 글 · 그림

《요정이 될 테야》/ 데이빗 섀논 글 · 그림

《내 머리가 길게 자란다면》/ 타카도노 호오코 글 · 그림

《이자벨라의 리본》/ 이치카와 사토미 글 · 그림

《멋쟁이 미장원 놀이》/ 로즈메리 웰스 글 · 그림

《마빡이면 어때》/ 쓰치다 노부코 글 · 그림

《꼬마 돼지 도라는 발을 동동》/ 프란치스카 비어만 글 · 그림

18 아이마다의 속도를 존중하라

부모란 아이의 성장 속도에 어쩔 수 없이 예민한 존재입니다. 물론 성장 그 자체만으로도 충분히 놀랍고 기특한 것이야 어느 부모나 마찬가지겠으나, 인간이라는 존재가 당연한 것이 주는 고마움에 대해서는 깜박깜박 잊기를 잘 한다는 것이 늘 문제가 아니던가요? 하여 언제 뒤집기를 했고, 언제 첫발을 디뎠으며, 언제 말문이 트였는지처럼 아이가 보여주는 성장의 속도에 부모는 웃기도 하고 울기도 합니다. 문제는 그 웃음과 울음의 바탕이 내 아이와 다른 아이를 비교하는 과정에서 오는 감정으로부터 비롯된다는 사실이지요.

그림책 육아를 해나감에 있어서도 아이의 속도는 참으로 신경 쓰이는 일입니다. 돌쟁이인 이웃집 아이는 틈만 나면 그림책 읽어 달라 졸라대기 예사인데, 우리집 아이는 몇 장 읽어주기 무섭게 휙 뿌리치고 일어서는 걸 보면 속이 상해 오는 것을 어쩔 수 없습니다. 네 돌쟁이 이웃집 아이, 한글 일찌감치 깨쳐 혼자서도 척척 책을 읽는다는데, 우리집 아이는 책을 읽기는커녕 제 이름자 읽을 줄도 잘 모르니 엄마 속은 바짝바짝 타들어갈 수밖에요.

그러나 비교라는 것은 상대성을 그 속성을 하고 있지 않던가요? 견주자고 하면 상대적으로 못함에 있어 자유로울 수 있는 아이는 없을 것입니다. 평균보다 빠른 발달을 보이는 아이일지라도 그보다 더 빠른 아이와 비교하면 또한 뒤처진 셈일 터이니, 결국 늦고 뒤처지지 않을 사람은 없다는 뜻이 됩니다. 게다가 부모들이 열을 올리는 비교 기준이라는 것이 말문이 언제 틔었는지, 한글은 언제 깨쳤는지, 글자는 언제 썼는지 등처럼 눈에 보이는 발달에만 초점이 맞추어져 있다면 말입니다. 이러니 비교하며 애닯아 하는 것이 얼마나 부질없는 것인가요?

중요한 것은 내 아이가 이웃집 아이에 비해 빠르다 또는 느리다에 열을 올릴 것이 아니라, 내 아이의 발달 속도가 어디에 와 있는지 그리고 그 속도를 최대한 존중하고 배려해 주자는 것입니다. 세상 모든 아이들이 똑같은 발달의 시계를 가지고 태어난 것이 아니라면, 내 아이의 발달 속도에 딱 맞는 맞춤 교육을 해 주는 것이야말로 부모로서 줄 수 있는 최상의 교육 방법이 아닐까요?

독서 단계의 차이를 인정하라

예를 들어 똑같은 세 돌쟁이라고 해도 반복보다는 새 책을 좋아하는 까닭에 다양한 영역의 그림책들을 두루두루 읽기를 즐기는 아이가 있는 반면, 여전히 새 책에 대한 낯가림을 가지고 자기가 좋아하는 그림책을 중심으로 반복하여 읽기를 즐기는 아이가 있습니다. 이럴 때 후자와 같은 유형의 아이를 둔 엄마가 전자의 아이를 부러워하며, 내 아이도 다양한 책들을 골고루 읽어주기를 바라는 마음에 이런저런 새 책들을 자꾸 들이밀기 쉽습니다. 그러나 이것은 그다지 현명하지 못한 행동입니다. 아이 입장에서 생각해 본다면 싫다는 책을 자꾸만 읽히려 하는 엄마의 태도가 못마땅할 뿐이며 그것은 오히려 책이라는 것에 대한 거부감으로까지 나아갈 수 있으니까요.

같은 책을 반복하는 '앉은자리 반복기'를 잘 보낸 아이는 자연스럽게 다양한 책을 읽고자 하는 '시간차 반복기'로 넘어섭니다. 마치 열심히 배밀이를 한 아이가 때 되면 자박자박 걷는 것처럼 말이지요. 그러나 배밀이하는 아이에게 걷기를 강요할 수는 없는 노릇입니다. 단지 부모는 아이가 다리의 힘을 기를 수 있도록 도와줄 수는 있을 뿐입니다. 아이의 독서력 또한 부모가 재촉한다 하여 나아질 수는 없습니다. 그것은 아이의 독서력에 잘 맞는 수준의 그림책을 아이가 원하는 만큼 충분히 읽어줌으로써 자연스럽게 도달할 수 있게 될 뿐입니다.

때문에 아이가 매번 반복하던 책에서 슬금슬금 새 책으로 눈을 돌리며 이 책도 한 번 읽어 달라 요구해 올 때까지는 지나치게 부모가 앞서 나가는 것은 경계해야 합니다. 물 흐르듯이 자연스럽게 아이의 속도를 맞춰 나가다 보면 새 책을 찾아대는 아이의 욕구를 뒷

감당하기 어렵다는 고민 아닌 고민을 늘어놓을 날이 생각보다 빨리 오기 때문입니다. (3부 2장, '시간차 반복기를 보내는 현명한 자세' 참고)

시작 시기의 차이를 인정하라

이와는 조금 다른 경우의 예를 한 번 더 생각해 보겠습니다. 세 돌이 되었다 하나 지금껏 그림책에 이렇다하게 노출이 되지 않아 그림책 읽기에 큰 흥미를 느끼지 못하는 아이입니다. 당신이 그 아이의 부모라면 어떻게 그림책 육아를 시작하시겠습니까? 부모들의 질문은 대개 이렇게 시작합니다.

"세 돌인 우리 아이, 어떤 그림책을 읽히면 좋을까요?"

지금까지 밟아온 아이의 독서 이력은 그림책 육아를 진행해 나감에 있어 참으로 중요한 기준입니다. 세 돌이니까 무작정 평균치의 세 돌쟁이가 읽는 그림책부터 시작하는 것이 아닌, 당장 아이의 눈높이를 고려한 책읽기부터 차근차근 시작하는 것이 한마디로 엄마표 맞춤교육이라 할 수 있겠지요.

일단은 그림책에 대한 흥미부터 돋우는 것이 선행되어야 합니다. 그러기 위해서는 아이 월령보다 한두 단계 낮은 수준의 그림책부터 읽힐 줄 아는 용기가 필요합니다. 하지만 많은 부모들이 아이 월령보다 낮은 수준의 그림책을 읽히기 꺼리는 경향이 있습니다. 자칫 아이의 수준도 딱 그만큼으로 떨어지는 것은 아닌지 불안하다고들 합니다.

그러나 여유롭게 마음을 풀어놓아도 좋습니다. 이것은 독서의 진행 과정에서 오는 당장의 속도 차이일 뿐, 그 차이가 앞으로도 계속 이어진다고 볼 수는 없으니까요. 그림책을 통해서는 아니었을지라도 온몸으로 노는 과정에서도 나름의 지적 성장을 해 온 아이입니다. 때문에 책이라는 놀잇감에 흥미를 붙이기만 한다면 평균치의 제 월령 아이들이 읽는 수준의 그림책을 읽어내는 것은 시간문제일 뿐입니다. 단 그러기 위해서는 현재 아이의 속도에 눈높이를 맞추어준 부모의 세심함이 따라주었을 때라는 전제를 두툼하게 깔고 있다는 사실을 절대 잊지 말아야 하겠지만요.

흙이 부슬부슬 풀리는 이른 봄에도 꽃망울을 터뜨리는 나무도 있으며, 햇살 한창 따끔해져서야 슬금슬금 잎을 내미는 나무도 있습니다. 저마다 다른 속도의 시계를 가지고 있는 나무들이지만 일 년에 한 번 꽃을 피우는 것은 다를 바가 없습니다. 재촉하고 등을 떠민다 하여 잎이 돋고 꽃이 피지 않는 나무들을 본다면, 조금은 천천히 가는 시계를 가진 내 아이 또한 등 떠밀고 재촉할 일은 아니라는 것입니다. 중요한 것은 아이가 가지고 있는 시계의 속도를 존중해주며 아이의 눈높이에서 아이에게 딱 맞는 그림책 육아를 진행해나가는 여유로움이겠지요. 부모의 믿음과 진득한 기다림 속에서 내 아이도 언젠가는 활짝 꽃을 피우지 않겠습니까?

19 그림책, 맛있게 읽어주는 비법

그림책은 어른이 아이에게 읽어준다는 면에서 대개의 책들과 소통방식을 달리합니다. 이 말은 어른이 어떻게 읽어주느냐에 따라 그림책의 맛이 제대로 전달될 수도 있으며 때로는 그렇지 못할 수도 있다는 뜻이지요. 이에 그림책을 맛있게 읽어주는 방법 몇 가지를 소개해 봅니다.

부모가 먼저 읽어본 후

아무리 짧고 단순한 내용의 그림책일지라도 아이에게 읽어주기에 앞서, 먼저 부모부터 읽어보는 준비가 필요합니다. 사전에 부모가 읽어본 후 아이에게 읽히는 그림책은 적당한 크기로 자르고 후후 불어 아이가 한입에 먹기 딱 좋을 정도로 마련해 놓은 음식과도 같습니다. 그러므로 읽히고자 하는 그림책에 관한 사전 지식 없이 바로 읽어주는 것보다 더욱 효과적인 그림책 읽어주기가 가능해질 수 있는 것이지요. 미리 읽어볼 때 고려할 점은 다음과 같습니다.

우선, 이야기의 전반적인 흐름을 살펴보는 것이 가장 기본적인 사항이라 할 수 있습니다. 내용이 길어 아이가 단번에 읽기엔 조금 버거운 분량이라면 적절한 선에서 요약하여 지루하지 않도록 배려할 필요가 있습니다. 또한, 전반적인 흐름상 강조해야 할 부분은 어디인지, 그림을 읽는데 시간이 좀더 소요되는 부분은 없는지, 내용을 더욱 즐겁게 하기 위해 효과적인 제스처 등을 사용하면 좋지 않을지 등도 미리미리 고려해 보아야 합니다. 뿐만 아니라 이야기에 대한 부모 자신의 느낌을 생각해 보는 것도 좋습니다. 그림책을 다 읽고 난 뒤, 아이와 함께 서로의 느낌을 이야기 나눌 때 참고가 될 수 있기 때문이지요. 단, 아이와 이야기를 나눌 때 부모의 주관적 입장을 지나치게 강조하지 않는 것이 바람직하다는 사실도 반드시 잊지 마셔야 합니다. 마지막으로, 혹 아이가 어려워할 부분은 없는지를 체크해 보아야 합니다. 만약 아이가 이해하기 어려운 단어가 있다면 날것 그대로 읽어주기보다는 아이의 눈높이에 맞는 단어로 풀어서 읽어주는 요령을 준비해 두면 더욱 효과적일 테니까요.

발음은 정확하게, 빠르기를 조절해 가며

말하기 능력은 듣기 능력으로부터 출발한다고 합니다. 같은 맥락에서, 어른이 읽어주는 그림책을 반복하여 많이 들은 아이들은 그렇지 않은 아이들에 비해 언어 발달이 빠르다는 사실 또한 이미 여러 연구에서 밝혀진 바입니다. 즉, 아이들은 그림책을 통해 우리말의 특성을 익히고 어휘력을 신장시킬 수 있음을 의미한다 할 것입니다.

그림책이 유아의 언어 발달에 미치는 영향을 생각한다면, 한창 언어적 민감기에 놓여 있는 유아에게 그림책을 읽어주는 자세 또한 그들의 언어 발달을 십분 고려할 필요가 있습니다. 유아의 말하기 능력 개발을 고려한 적절한 읽어주기법은 다음 두 가지 측면에서 살펴볼 수 있습니다.

첫째, 그림책을 읽어줄 때는 되도록 정확한 발음을 구사하는 것이 좋습니다. 일상적인 대화에서보다 책을 읽어줄 때 주의 깊게 발음하려는 노력을 기울이기 쉽다고 했을 때, 그림책을 읽어주는 시간을 우리말의 정확한 발음을 들려줄 수 있는 계기로 삼을 수 있습니다. 이제 막 우리말을 익히는 아이들에게 처음부터 올바른 발음을 배울 수 있도록 깨끗하고 비옥한 언어 환경을 마련해 줄 수 있는 것이지요.

둘째, 의미를 고려한 적절한 휴지(休止)와 강조점, 빠르기를 조절해 가며 읽어주는 것이 좋습니다. 적절한 부분에서 끊어 읽거나 강조할 부분에서는 목소리의 톤을 높이거나 내용에 따라 빠르기를 조절해 가며 읽어주는 것은 그림책의 내용을 효과적으로 전달해 줄 수 있을 뿐 아니라 우리말의 특성을 자연스럽게 배워 나갈 수 있는 계기가 된다 하겠습니다.

앞표지부터 뒤표지까지 샅샅이

그림책은 성인책과는 달리, 앞표지부터 이야기가 시작되어 뒤표지에 가서야 비로소 마무리되는 경우가 종종 있습니다. 때문에 성인책 읽듯이 제목 읽고 본문으로 바로 들어가다 보면 앞면지, 속표지, 뒷면지, 뒤표지 등 본문을 제외한 나머지 부분들에도 담겨 있는 이야기들을 놓치기 십상인 것이지요. 그러므로 그림책을 읽을 때는 좀 느릿느릿할 필요가 있습니다. 작가가 그림책이라는 구조물 여기저기에 표현해 놓은 것들을 하나도 놓치지 않고 알아차리려면 말입니다.

그러기 위해서는 앞표지부터 찬찬히 들여다보는 것부터 시작해야 합니다. 어떤 이는 그림책의 앞표지를 냉장고 문에 비유하기도 합니다. 냉장고 안에 어떤 맛난 음식들이 있을까 설렘과 호기심으로 문을 열 때처럼, 그림책 앞표지를 읽을 때도 앞으로 전개될 이야기에 관한 설렘을 충분히 만끽할 필요가 있습니다. 앞표지에서 뒤표지까지 꼼꼼히 보아야 하는 《헤어드레서 민지》라는 그림책을 예로 들어 보겠습니다.

"제목이 《헤어드레서 민지》네. '헤어드레서'가 무슨 뜻인지 아니? 미용실에 가봤지? 미용실에서 머리 모양을 손질해 주는 사람을 헤어드레서라고 한다. 그런데 이 꼬마 친구 민지가 헤어드레서인가 봐. 양손에 드라이기와 빗을 들고 있는 모양새가 제법 멋진걸? 우리 연우도 미용실 놀이 참 좋아하는데. 어떤 내용이 들어 있을까? 엄마는 너무 궁금해. 빨리 읽어보고 싶어."

이처럼 제목과 표지 그림을 차근차근 읽은 후, 이윽고 속표지로 들어가는 것입니다. 그것은 뒤표지까지도 마찬가지라 할 수 있습니다. 이처럼 그림책의 구조물 하나하나를 놓치지 않고 보는 읽기법은 본문 읽기에만 무게중심을 두었을 때는 몰랐던 새로운 즐거움을 찾아낼 수 있습니다. (3부 2장 '그림책의 그림도 읽어야 제 맛이다' 참고)

아이의 속도에 맞춰 느긋하게

그림책을 읽어주는 이는 부모이나 읽는 주체는 분명 아이입니다. 때문에 부모의 속도가 아닌, 아이의 속도를 고려한 페이지 넘김은 반드시 갖추어야 할 읽어주기의 기술입니다. 간혹 아이의 이해 여부를 고려하지 않은 채 일사천리로 글자를 읽어나가기에 바쁜 부모들을 만날 수 있는데, 이러한 부모의 태도는 듣는 이에 대한 배려 없이 일방적으로 내용을 쏟아붓는 구연 CD와 다를 바가 없다고 할 수 있습니다.

그러므로 부모가 글자를 다 읽었다 하여 다음 페이지로 바로 넘기는 것이 아닌, 아이가 그림의 구석구석을 감상할 수 있는 시간을 여유롭게 주어야 합니다. 또한 특별히 아이가 오랫동안 집중하여 보는 페이지가 있다면 다음 페이지로 넘어가자는 소리가 아이 입에서 나올 때까지 진득하게 기다려주는 여유도 갖추어야 합니다. 빨리 한 권을 읽혀야겠다는 생각에, 아이로 하여금 다음 페이지로 넘어갈 것을 재촉한다면 그림책을 여유롭게 즐기기는 힘들 터이지요.

더불어 이야기 중간 중간 아이가 던지는 질문에는 충실히 답을 해 주는 것이 좋습니다. 이야기의 맥이 끊기는 것을 염려하여 아이의 질문을 탁 잘라버리는 것은 녀석의 호기심을 끊어버리는 것과 같다고 볼 수 있습니다. 어차피 한 권의 그림책을 수도 없이 반복하는 아이들의 특성을 보건대 이야기의 흐름을 깨지 않고 막힘없이 부드럽게 읽을 수 있는 기회는 앞으로도 얼마든지 있기 때문입니다.

적절히 요약해서

글자 하나 놓치지 않고 읽어주어야만 비로소 책 한 권을 제대로 읽었다는 생각은 그림책을 읽어줄 때만이라도 슬쩍 내려놓으시는 것이 좋습니다. 아이가 긴 글밥을 참아내기 어려워한다면 상황에 맞게 적절히 조절하여 읽어주는 요령이 필요하다 할 것입니다. 예를 들어 많은 정보량을 담아놓은 지식정보 그림책에서 다양한 정보 중 하나라도 놓칠까 싶어 빠짐없이 읽어주려 욕심을 부리다 보면 오히려 아이의 흥미를 떨어뜨려 다시 그 그림책을 가까이하지 않는 의도치 않은 결과를 가져올 수 있습니다.

특히 그림책을 처음 접하는 유아의 경우 철저히 아이의 호흡에 맞추어 진행할 필요가 있습니다. 앞서도 제시한 것처럼 아이가 단박에 소화하기 어려울 분량이라면 부모가 먼저 읽어 적절히 이야기를 다듬어서 아이에게 떠넘겨주어야 합니다.

뿐만 아니라 아이가 그 페이지를 다 읽지 않았음에도 다음 장으로 넘기려고 한다면, "마저 읽고 가자"라고 제재하기보다는 아이의 뜻대로 넘어가 주는 것도 좋습니다. 아이가 그 책을 좋아하는 데에는 책 한 권 전체에서 즐거움을 느끼기 때문일 수도 있지만 특정한 장면 하나 때문에 그 책을 읽고자 하는 경우도 흔히 있는 일이기 때문입니다. 자신이 좋아하는 장면을 빨리 보고 싶은 아이의 마음을 배려해 주는 마음 씀씀이도 반드시 챙겨두어야 하는 요령이며 자세라고 할 수 있습니다.

한 권의 그림책에서 단 한 페이지라도 즐겁게 읽어준다면 좋다는 마음의 여유가 그림책을 더욱 맛있게 읽는 마지막 비법입니다.

20 단행본과 전집의 유효적절 사용법

영유아용 그림책을 포함한 어린이용 도서들은 단행본뿐만 아니라 그에 못지않게 전집 또한 활발하게 제작되어 출판된다는 점에서 성인책과는 차이를 보이고 있습니다. 단행본의 경우는 대개의 성인책들처럼 온라인 서점이나 오프라인 서점에서 낱권으로 구매가 가능한 책들입니다. 반면 대부분의 영유아용 그림책 전집은 방문판매나 총판, 할인서점 등을 통해 유통이 되는 책들로 낱권 구매가 불가능하지요.

이 두 종류의 책에 관해 설왕설래하는 말들이 참으로 많습니다. 한쪽에서는 전집의 폐해를 역설하며 단행본으로 아이를 키우자고 목소리를 높입니다. 반면 또 다른 한쪽에서는 전집이 지닌 효용성에 대해 열을 올리며 수많은 전집 목록을 수준별로 열거해 부모의 주머니를 넘보기도 합니다. 초보엄마, 어느 장단에 춤을 추어야 할까 고민스러워질 수밖에요.

단행본과 전집의 장단점을 논하며 이것이 더 낫고 저것이 더 못하다를 역설하기에 앞서 분명한 것은, 그림책으로 아이를 키우고자 했을 때 단행본과 전집은 분명 나름의 효용성을 가지고 있더라는 사실입니다. 때문에 오로지 단행본과 전집에 대해 흑백논리를 내세워 어느 하나의 선택만을 강요할 것이 아닌, 그 둘의 수위를 어떻게 적절하게 조절하느냐에 해법이 놓여 있다는 것이지요.

단행과 전집 사이에는 내 아이의 발달 단계에 대한 이해가 있다

'앉은자리 반복기'의 아이들은 단행본만으로도 너끈히 키울 수 있습니다. 이 시기의 아이들은 자기가 좋아하는 몇몇의 그림책을 중심으로 반복에 반복에 반복을 하는 심지 굳은 독서 태도를 보여줍니다. 새 책에 대한 낯가림도 많아 새 책보다는 늘 보던 책만 보려는 경향도 강하지요. 때문에 이런저런 종류의 다양한 그림책을 골고루 읽히고 싶은 것은 엄마의 욕심일 뿐이지 사실 아이는 그 수많은 종류의 그림책들을 두루두루 섭렵할 준비가 되어 있지 않습니다. 비유컨대 이 시기의 아이들에게 몇 십 권짜리 전집을 턱턱 넣어주는 것은, 이유식을 먹는 아기에게 상다리가 휘어지게 갖은 음식을 차려놓고 이것도 맛보고 저것도 맛보라고 욕심을 부리는 것과 같은 이치라고 할 수 있습니다.

그러므로 '앉은자리 반복기'의 아이들에게 전집을 넣어줄 경우 성공하는 책보다 실패하는 책이 더 많을 가능성이 높습니다. 물론 전집 60권 중 10권만 읽으면 된다고 생각하는 마음의 여유가 있다면 사실 그다지 문제 될 것이 없겠지요. 하지만 물주 입장인 부모가 그런 여유를 갖기엔 그 책을 사기 위해 한꺼번에 지불한 목돈 생각이 간절합니다. 간절한 목돈 생각은 어떻게든 이 책들을 읽혀야 한다는 부담감으로 작용한다는 데 문제의 핵심이 놓여 있습니다. 반면 단행본이야 아이의 입맛에 맞지 않아 한두 권 실패한들 그에 대한 부담감이 적은 까닭에 보다 여유롭게 책읽기를 진행해 나갈 수 있습니다. 때문에 책낯가림이 심한 '앉은자리 반복기'의 아이들에게 전집은 큰 필요성을 갖지 못합니다. 아이의 입맛에 딱 맞는 단행본만으로도 그림책 육아를 해나가기에 당분간 별다른 무리가 따르지 않으니까요.

하지만 '시간차 반복기'로 들어서면서 아이의 책읽기 경향은 하루가 다릅니다. 책낯가림도 많이 줄어 늘 읽던 책보다는 새 책을 더욱 좋아하게 되지요. 하루에 읽어치우는 그림책의 양도 많아지며, 상대적으로 반복의 횟수는 줄어듭니다. 이럴 때는 전집 구매를 고민하셔야 합니다. 스펀지가 물을 흡수하듯 빨아들이는 아이의 책읽기 속도를 단행본만으로는 감당하기 어려워지거든요. 몇날 며칠을 매달려 좋은 단행본 목록을 뽑아들고는 여기저기 싼 곳을 찾아 헤매며 20~30권을 들여준들 아이는 마파람에 게눈 감추듯 순식간에 읽어치웁니다. 그리고는 묻지요.

"다른 그림책은 없어?"

다시 또 몇날 며칠을 매달려 20~30권의 단행본 목록을 만들기란 여간 어려운 일이 아닙니다. 별 수 없습니다. 이쯤이면 전집은 필수가 될 수밖에요. 생각해 보세요. 단행본으로 50~60권짜리 전집 한 질을 만들기가 얼마나 어려운 일인지요.

경제적인 면도 따져보지 않을 수 없습니다. 가격적인 면에서 전집은 단행본보다 저렴하게 치일 경우가 많습니다. 아시는 바대로 전집은 목돈이 들긴 하지만, 권당 가격으로 따지면 단행본보다는 훨씬 저렴한 경우가 대부분입니다. 게다가 깨끗하고 저렴한 중고는 어떤가요? 구성 중 작품성 떨어지는 그림책들을 제외한다 하더라도 가격 면에서 단행본이 따라올 바가 아닙니다.

정리합니다. 단행본과 전집 사이에는 내 아이의 독서 단계에 대한 이해가 놓여 있습니다. 책 10여 권이면 몇 달은 너끈히 버틸 수 있는 '앉은자리 반복기'의 아이에게는 단행본으로, 50~60권으로는 한두 달도 버티기 힘든 '시간차 반복기'의 아이에게는 전집으로…… .

단행본 예찬

초보엄마의 책 보는 안목을 키우는 데에도 단행본은 필수입니다

한 권 한 권 단행본을 골라보는 과정에서 엄마의 그림책 안목은 자랄 수밖에 없습니다. 전집 또한 구성된 그림책 모두를 꼼꼼히 따져본 후 구입을 결정해야 하는 것이 정석이겠지만, 대부분의 엄마들은 그 과정을 생략하는 경우가 많습니다. 유명 작가의 포진 여부, 출판사, 엄마들 사이의 입소문, 가격, 주변의 권유 등등이 전집의 구매 여부를 결정하는 주요 지표가 되는 까닭이지요. 혹 그런 경험 없으세요? 50권짜리 전집 한 질 고르기보다 단행본 열 권 고르기가 더욱 고민스러웠던 경우 말입니다.

단행본은 완성도가 높습니다

단행본은 솔로 가수와 같습니다. 오로지 그 혼자만의 실력으로 소비자의 선택을 기다리는 존재니까요. 수준 낮은 책들도 슬쩍슬쩍 얹혀 갈 수 있는 전집과 달리 단행본은 단독으로 승부를 걸어야 합니다. 때문에 한 권 한 권의 완성도가 전집에 비해 높은 것이야 당연한 이치겠지요. 깐깐한 시각으로 한 권 두 권 골라담은 단행본, 설령 우리 아이의 눈에 들지 못해 책꽂이 한 구석에 맥없이 꽂혀 있게 된다 하더라도 적어도 작품성의 문제로 천대받지는 않는다는 것입니다.

전집에서 부족한 부분을 보충하는 데도 단행본은 필수입니다

아이가 '시간차 반복기'로 들어섰다 하여 전집만 고집하기에는 그 또한 허점이 있습니다. 전집에서 부족한 부분은 당연히 단행본으로 보충해 주어야지요. 예를 들어 아이가 유난히 관심을 보이는 분야는 그 분야의 단행본들을 샅샅이 찾아볼 필요가 있습니다. 아이의 호기심을 넓고 깊게 확장시키는 데 다양한 종류의 단행본은 훌륭한 역할을 할 수 있거든요.

전집 예찬

전집은 기준을 잡아줄 수 있습니다

창작에 비해 특히 자연과학 쪽은 단행본으로 구색을 갖추기가 많이 버겁습니다. 그러기 위해서는 그림책을 고르는 데 상당한 품을 들여야 하며 더불어 고급의 안목도 필요하지요. 때문에 우선, 전집 한 질로 기준을 잡아주는 것도 괜찮습니다. 그렇게 잡힌 기준을 바탕으로 그 부족한 부분은 단행본으로 꾸준히 메워주는 것이지요. 최근 들어 단행본 쪽으로도 워낙 좋은 자연과학 그림책들이 나오는 까닭에 이 기준이 조금 흔들리기는 합니다마는, 여전히 자연과학 쪽의 전집 의존도는 창작에 비해 상대적으로 클 수밖에 없습니다.

전집은 엄마의 생각을 뛰어넘기도 합니다

단행본이라면 절대 사들여주지 않았을 그림책을 아이가 눈 빠지게 좋아하는 경우가 있습니다. 부모의 취향과는 무관하게 말이죠. 아이가 좋아한다고 하여 무작정 좋은 책이라 할 수는 없지만, 부모의 취향이 아니라 하여 그 책이 무작정 별 볼일 없는 책이라 할 수도 없습니다. 엄마의 취향 밖의 그림책, 우연히 전집 속에 섞여 우리 아이를 열광시킨다면, 부모로 인해 자칫 맛볼 수 없었던 즐거움을 전집이 느끼게 해 준 셈입니다. 이럴 경우 부모는 전집에게 빚을 진 셈이지요.

전집은 흠뻑 빠져 읽는 재미가 있습니다

제가 딸아이에게 전집을 넣어주는 이유 중 많은 비중을 차지하는 부분입니다. 50~60권 뿌듯하게 넣어줬을 때, 딸아이가 그야말로 책 속에 흠뻑 빠져 읽는다는 느낌을 받거든요. 몇 권씩 넣어주는 단행본으로는 참으로 감질나는 것이지요. 한창 목마른 사람에게 물 몇 모금을 찔끔찔끔 떠넣어주는 것과 같다고 할까요? 꿀꺽꿀꺽 흠뻑 들이키고 나면 갈증이 싸악 가지는 것처럼, 흠뻑 빠져 그림책을 읽고 난 녀석은 굉장히 행복해 보입니다. 정신적으로 해갈이 된 그런 느낌 말입니다.

그렇다면, 전집 왜 문제일까?

아이의 책읽기에 탄력이 붙지 않았을 때 넣어주는 전집은 아이를 책에 치이게 할 수 있습니다

목돈 들여 넣어준 부모는 본전 생각 간절합니다. 그 본전 생각은 은근한 욕심으로 드러나기도 하거든요. 들인 돈이 아깝지 않게 어떻게든 읽히겠다는 부모 생각이 아이에게 책 읽기에 대한 강요로 작용할 수도 있습니다. 강요된 즐거움은 더 이상 즐거움이 아니지요. 어쩌면 아이가 책을 싫어하게 하는 지름길이 될 수도 있습니다. 아마도 전집의 가장 큰 병폐가 아닌가 싶습니다.

고춧가루처럼 끼어 있는 수준 빠지는 책들로 질 높은 책읽기가 어렵습니다

전집의 고질병입니다. 전반적으로 이런 책이 적으면 적을수록 좋은 전집이라 평가는 받지만, 그런 구성이 한 권도 끼어 있지 않은 전집은 찾아보기 힘들지 않나 싶습니다. 이런 이유로 전집은 아이가 책에 흠씬 젖어 있을 때, 그 욕구를 충족시키는 차원에서의 필요성이 강조되는 것이지 오로지 전집으로만 책읽기를 진행해 나가는 것은 다독은 가능하되 질 높은 책읽기가 어려워진다는 점에서 깊게 생각해 보아야 할 점입니다.

단번에 활용할 수 있는 전집은 그다지 많지 않습니다

입소문난 대다수의 전집들은 구성 간의 난이도 격차가 있는 까닭에 목돈을 들였으되 당장 활용 가능한 책이 얼마 안 되는 경우도 있습니다. 결국 50권짜리 전집 한 질을 들였으나 그 효과는 단행본 몇 권을 사준 것과 다를 바가 없게 되어 버리는 경우가 발생할 수도 있다는 뜻입니다. 물론 이런 경우 책의 구입 시기를 조금 늦춘다면 어느 정도 극복이 될 수는 있습니다.

단행본과 전집에 대해서 저는 절충 쪽에 서겠습니다

전집과 단행본은 나름대로 장단점을 가지고 있는 까닭에, 그 둘이 상호보완적 관계에 놓인다면 더할 나위 없을 듯합니다. 무 자르듯 톡 잘라 전집이야, 단행본이야를 고집할 것이 아니라는 말이죠.

그림책 육아를 시작하겠다 마음을 잡으셨다면 우선은 단행본부터 시작하는 게 좋다는 것이 제 생각입니다. 옆집 책꽂이에 빼곡하게 꽂힌 전집들을 보면 마음이 동하고 군침이 돌 테지만, 앞서 말씀드린 것처럼 처음부터 무작정 전집을 들이는 것은 모험과도 같은 일이거든요. 전집의 여러 가지 단점에 노출될 확률이 상대적으로 높기도 하고요. 단행본으로 책 고르는 안목을 닦으신 후, 필요성이 닥쳤을 때 전집으로 눈을 돌려도 절대 늦지 않습니다. 또한 전집을 들여줬으니 단행본은 눈을 감아도 좋을 것이라는 생각도 과감히 버리셔야 합니다. 그 많은 책들을 죄 읽고 넘어갈 수야 없는 노릇이겠지만, 그냥 지나치기에는 아쉬운 단행본들이 너무도 많지 않습니까?

덧붙입니다. '앉은자리 반복기'와 '시간차 반복기'의 시기는 개인차가 큽니다. 딱 잘라 언제라고 말씀드릴 수는 없다는 뜻입니다. 아이가 어느 단계에 와 있는지 면밀히 관찰하는 것은 전적으로 부모의 몫입니다.

더불어 '앉은자리 반복기'의 아이라도 책낯가림이 별로 없는 아이들이 있습니다. 책의 즐거움을 일찌감치 깨우친 녀석들이지요. 그런 아이들에게는 사실, 전집을 넣어줘도 크게 버겁지 않습니다. 반면 '시간차 반복기'의 모든 아이들이 많은 양의 책을 단숨에 소화해 내는 것은 아닙니다. 이런 아이들에게 전집은 필수라고 말할 수 없습니다. 이를 판단해 내는 것도 역시 부모의 몫입니다.

단행본이든 전집이든 중요한 것은 역시, 내 아이를 세심히 이해하고 관찰하는 것에서 출발한다는 변함없는 사실! (3부 1장 '앉은자리 반복기를 보내는 현명한 자세', 3부 2장 '시간차 반복기를 보내는 현명한 자세' 참고)

21 크로커다일이냐 엘리게이터냐, 자연관찰을 고민하다

아이 : (도서관의 책들을 와르르 와르르 뽑아놓기 바쁨)

엄마 : (다정한 목소리로) "악어에는 크로커다일과 엘리게이터가
　　　있대. 크로커다일은 몸집이 크고 사나운데 주둥이 끝은
　　　뾰족하고 엘리게이터는……."

아이 : (오로지 책 뽑아 오는 재미에 흠뻑)

엄마 : (좀더 목소리를 돋우어) "악어에는 크로커다일과 엘리게
　　　이터가 있대. 뭐가 있다고? 크,로,커,다,일과 엘,리,게,
　　　이,터!"

아이 : (여전히 와르르 와르르)

　언젠가 도서관에서 마주친 장면입니다.

　30개월이 채 됐을까 싶은 아이에게 엄마가 악어 관련 자연관찰
그림책을 읽어주고 있었습니다. 열심히 읽어주고 설명해 주는 엄마
와는 달리 아이의 관심은 오로지 책 뽑기에만 놓여 있습니다. 반복

에 확인까지 시켜도 아이는 한 귀로 듣고 한 귀로 흘리지조차도 않습니다. 아이의 태도에 꽤나 애가 타는지 엄마는 한 글자 한 글자에 방점을 꾹꾹 찍어가며 읽어 줍니다.

그 장면을 지켜보고 있자니 어쩐지 씁쓸한 느낌이 들더군요. 이제 두 돌이 지난 저 아이에게 크로커다일과 엘리게이터를 구분하는 것이 무슨 대수일까요? 저 녀석은 지금 도서관의 책들을 죄 뽑아놓을 태세인데 말입니다. 책 뽑기에만 일로매진한다 하여도 오늘 안으로 도서관 책들을 다 뽑아낼까 말까해 일분 일초가 마냥 아쉽고 바쁜데 말입니다.

그림책 육아에 관한 질문 중 단연 많은 비중을 차지하고 있는 것이 자연관찰과 관련된 것입니다. 점점 그 고민의 대상이 되는 연령층도 낮아져서, 요즘은 아이가 돌만 되어도 자연관찰을 무엇으로 넣어줄지 조언을 구해 오는 질문을 쉽게 접할 수가 있습니다. 닭이 먼저인지 달걀이 먼저인지 알 수는 없으나, 근래에 출판되는 자연관찰 전집이 대상으로 삼는 연령층 또한 점차 낮아지고 있다는 것도 불과 몇 년 전과는 확연히 달라진 추세이기도 합니다.

자연관찰 그림책에 대한 질문은 대개 다음의 두 종류로 나눠 볼 수 있습니다. 먼저, 책 선정에 대한 고민이 다수를 차지합니다. 월령에 맞는 좋은 전집을 소개해 달라는 질문들이 그것이지요. 또 하나는 자연관찰 그림책에 대해 흥미로워하지 않는 아이에 대한 고민입니다. '어떻게 하면 자연관찰 그림책을 창작처럼 재밌게 읽을 수 있을까요'가 질문의 핵심이라고 할 수 있습니다.

아이가 자작자작 걷기 시작하면서 제법 말귀를 알아듣고 툭툭 말문이 틔기 시작하면 부모의 마음은 바빠집니다. 여기저기 들려오는 그림책 관련 정보들을 뿌리치기란 더욱 힘이 듭니다. 더구나 일찌감치 자연관찰을 접하게 해 주지 않으면 내내 책 편식에 시달리게 되더라는 출처가 명확치 않은 조언은 부모의 마음을 한껏 달구어 놓습니다. 갑자기 발등에 커다란 불이라도 떨어진 듯 몇날 며칠 정보를 검색하고 여기저기 조언을 구해 보고 고민을 해 봅니다. 그러나 시중에 나와 있는 자연관찰 그림책들은 한두 종류가 아니며 그에 대한 평가도 제각각이어서 선택의 어려움은 크고 깊습니다. 자연관찰의 선택과 활용법은 마치 까다로운 수학문제처럼 느껴진다고 호소해 옵니다.

이 책을 읽고 계신 당신, 현재 앞서와 같은 고민에 휩싸여 있다면 우선 고민의 중심에서 살짝 발을 빼보길 권해드립니다. 그리고 찬찬히 되새겨 보시길. 도대체 왜 이다지도 자연관찰 그림책이 고민스러운 걸까? 정답의 열쇠는 다름 아닌, 자연관찰 그림책을 읽어주려는 이유가 쥐고 있습니다. 책 선택에 있어 가장 기본적인 것이지만 한 번도 심각하게 고민해 본 적이 없는 부분 말입니다.

대체 자연관찰 그림책을 왜 읽히려고 하세요?

일본의 아동도서출판의 명문이라 할 수 있는 '후쿠인칸쇼텐'의 창업자, 마쓰이 다다시는 이렇게 말했습니다.

"가와이 씨가 말씀하신 지식의 주입이라는 것에, 나는 처음부터 반대했어요. 내 편집 방침은 첫째, 그림책은 어린이가 읽는 책이

아니라 어른이 어린이에게 읽어 주는 책이라는 것이고, 둘째는
실용성을 위해 책을 만들지는 않는다는 것이에요. 처음부터 이
방침이 확고히 서 있었죠. 그렇다면 과학 책은 왜 만드냐는 질문
을 곧잘 받는데, 과학 책도 마찬가지예요. 어린이가 그 책을 읽
고 지식과 정보를 얻는 것이 아니라, 어린이가 깜짝 놀라거나 감
탄하거나 새로운 발견을 한다면 충분하다고 생각해요. 아이들의
마음을 움직일 수 없는 그림책은 아무 의미가 없지요."

– 《그림책의 힘》 중

혹시 우리는, 아이가 '깜짝 놀라거나 감탄하거나 새로운 발견'을
하는 기쁨을 선사하기 위해서 자연관찰책을 읽히는 것이 아닌, 남
보다 더 많은 지식과 정보로 내 아이의 머릿속을 딱딱하게 무장시
키기 위해 그 따분함과 딱딱함을 꾹꾹 참아가며 읽어주지는 않았던
가요? 또는 그러한 의도로 남들보다 빨리 조금이라도 더 빨리, 자연
관찰책을 읽히려 하지는 않았나요? 그렇기 때문에 엄마의 무지(?)
로 뒤늦게(?) 자연관찰을 들여주는 것이 내 아이를 치열한 경쟁에
서 한 발자국 뒤처지게 만들지는 않았나 싶어 자책하고 있는 것은
아닌가요?

물론 자연관찰과 같은 지식정보책은 어린이가 자신의 삶과 자기
주변의 모든 것을 학습하는 데 특별한 역할을 합니다. 적절한 때에
주어진 적절한 책은 어린이에게 세상에 대한 호기심을 만족시켜 주
고 대상에 대한 체계적인 이해를 확장시켜 주는 보물이 되죠. 하지
만 이것은 '적절하게 주어진 적절한 책'일 때에 가능하다고 생각합

니다. 남보다 빨리 조금이라도 더 빨리 읽히겠다는 욕심에, 부적절한 시기에 부적절하게 들여준 지식정보책은 오히려 책에 대한 호기심마저도 눌러버릴지도 모르겠습니다. 빈대 잡으려다 오히려 초가삼간만 태워 먹은 경우랄까요?

세계적인 문학사가인 폴 아자르는 어린이들의 천성에 어울리지 않는 책, 그림으로 눈을 즐겁게 해 주지 못하는 책, 생기 넘치는 강렬한 표현으로 마음을 사로잡지 못하는 책, 학교에서 가르치는 것밖에 가르치지 못하는 책, 졸음은 자아내도 꿈은 이끌어내지 못하는 책을 어린이들은 단호히 거부한다고 했습니다.

크로커다일이냐 엘리게이터냐를 역설하는 동안 우리의 아이들은, 그림책에서 '꿈'이 아닌 '졸음'을 느끼고 있는 건 아닌지 모르겠습니다.

자연관찰책을 통해 무엇을 주고 싶으세요?

꿈입니까?

지식입니까?

아니면, 따분한 졸음입니까?

폴 아자르의 《책, 어린이, 어른》에서 발췌한 글로 마무리하고자 합니다.

"어른들은 어린이들을 교묘하게 속이기까지 한다. 그들은 어린이들에게 목장에 데려가겠다고 말한다. 하지만 그것은 측량을 가르치기 위해서이다. 또 어른들은 "루이 아저씨한테 데려다 줄게. 거기에는 네 또래 친구도 많고 맛있는 간식도 잔뜩 있단다."

따위의 달콤한 말을 건넨다. 그런데 막상 가 보면, 루이 아저씨는 아마추어 물리학자로서 전기나 물체의 무게에 대해 한바탕 강의를 늘어놓는다. 더욱이 어른들은 어린이들의 상상력을 올바로 평가하지 않고, 부당한 압박을 가하며 그들의 꿈에 싸움을 걸려고 할 뿐이다. 또한 어린이들이 다음과 같이 맹세하기를 바란다. "나는 공부하고 있습니다. 하지만 그런 티를 내지 않죠. 나는 노는 시간에도 공부에 매달립니다. 그러면서도 한 번도 공부하고 있다고 생각한 적은 없습니다. 그러니까 나로서는 놀고 싶은데도 공부하고 있는 건데, 다른 아이들은 어떨지 모르지만 나는 상관없습니다. 나는 하품을 합니다. 그건 내가 열중하고 있다는 증거죠. 나는 지쳤습니다. 그건 내가 즐겁게 지냈다는 증거입니다."

★영아를 위한 자연관찰 그림책

두 돌 이전의 영아들에게 전집으로 된 자연관찰 그림책이 필요한지에 관해서는 상당히 의아스럽습니다. 영아는 모든 물건에 이름이 있고 그 이름을 알고 싶어하는 시기인 명명기라고도 합니다. 즉, 명명기의 영아들은 그림책의 동물과 사물 그림을 지적하며 '이게 뭐야?'하며 어른들의 대답을 요구합니다. 이 과정에서 친숙한 단어는 재확인하고 친숙하지 않은 단어는 새로 배우면서 어휘 수를 늘려가는 기회를 갖게 되는 것입니다. 그러므로 영아들은 자연물의 이름을 알고자 하는 욕구는 강하나 그것의 구체적 속성까지 궁금해 하는 단계까지는 나아가지는 못합니다. 때문에 많은 정보량을 자랑하는 자연관찰 전집이 이 시기의 아이들에게 호소력을 가지기란 쉽지 않습니다.

영아들을 위한 자연관찰 그림책은 배경이 어지럽지 않으며 단순하고 정확한 개념을 줄 수 있어야 합니다. 언어능력을 키울 수 있도록 간단한 이야기 속에 운율이 있는 글로 쓰인 그림책이 좋습니다. 영아기 아이들에게 적절한 자연관찰 그림책 묶음입니다.

《세밀화로 그린 보리 아기 그림책》/ 보리 편집부 엮음

《동물관찰 그림책》/ 야부우치 마사유키 글·그림

《씨앗은 어디로 갔을까?》/ 루스 브라운 글·그림

《움직여 봐!》/ 스티브 젠킨스 글·그림

《호박꽃 아기동물 그림》/ 심조원 글·이우만 그림

《모두 다 아기야》/ 김난지 글·김경미 그림

《존 버틀러 그림책 시리즈》/ 존 버틀러 글·그림

2장

어떻게
그림책과 놀까?

22 이미 알고 있는 것부터 시작하라

'이미 알고 있는 것부터 시작한다.'

교육에 있어 가장 기본적이며 본질적인 방침이라고들 합니다. 아무것도 아는 바가 없으면 알고 싶다는 호기심조차 동하지 않는 것을 본다면, 또는 이미 알고 있는 것들에 대해 더 많이 알고 싶은 마음이 생기는 것을 보면, 이 말에는 분명 고개를 끄덕거리게 만드는 힘이 있습니다.

영아용 인지 그림책이 주로 주변 친숙한 사물을 소재로 다루고 있는 것도 이와 맥을 같이한다고 할 수 있습니다. 경험을 통해 익히 알고 있는 것들을 그림책이라는 새로운 매체를 통해 만나는 즐거움을, 기저귀도 못 뗀 말랑말랑한 아기들도 알고 있다는 뜻이겠지요.

아이들은 자기가 알고 있는 것을 재확인하는 기회를 갖는 것을 무척이나 즐거워합니다. 그런 경험 없으세요? 아이에게 그림책을 읽어주다 보면, 책 속에 나오는 사물들을 냉큼냉큼 쫓아가 찾아들고 오는 경우 말이에요. 예를 들어 공 그림을 보면 제 장난감통을 뒤져 공을 들고 와서 그림과 같은 공임을 확인하기도 하고, 사과 그림을 보면 냉장고로 쫓아가 사과의 존재를 확인하는 것이지요.

이것은 아이의 흥미를 유발하기에 좋은 그림책을 어떻게 골라주어야 할지에 대한 매력적인 힌트가 될 수 있습니다. 세상에 태어난 지 얼마 되지 않은 유아들이 가지고 있는 지식이란 몸으로 부대낀 경험에서 우러나오는 것이 많은 비중을 차지하고 있습니다. 물정 모르고 뜨거운 커피잔에 덤벼들었다 혼쭐이 난 경험이 있는 아이라면 다시는 엄마가 마시는 커피잔에 손을 대지 않습니다. 뜨거운 것은 위험하더라는 지식을 경험을 통해 깨우친 것이지요. 높은 곳에 올라갔다 떨어져 본 경험이 있는 아이라면, 이후 높은 곳은 웬만해서는 올라가려 하지 않을 것입니다. 높은 곳은 떨어질 수 있으며 그로 인해 다칠 수도 있다는 지식을 경험을 통해 터득했을 터이니까요. 비단 아이뿐 아니라 어른에게도 경험만큼 절실하게 체득되는 지식은 없지 않던가요?

그림책 육아를 진행할 때에도 아이가 부대껴 온 경험은 상당히 중요합니다. 아이의 경험을 배려해서 골라준 그림책들이 녀석의 호기심을 끌어내고 확장하는 데 얼마나 효과적인지는 많은 분들이 끄덕끄덕 공감의 입을 모으는 걸 보면 말입니다. 예를 들어 텃밭에 콩을 심어 본 경험이 있는 아이라면 콩과 관련된 그림책에 눈길을 주겠지요. 세심한 엄마라면《콩》,《다 콩이야》와 같은 그림책을 놓고 고민할 것입니다. 집 근처 애완동물 가게에서 파는 고양이를 넋을 잃고 구경한 경험이 있는 아이라면, 그래서 우리집에서도 고양이를 길러보자 졸라대는 아이라면, 고양이 관련 그림책에 눈독을 들일 수도 있습니다. 센스 있는 엄마라면 《깜박깜박 잘 잊어버리는 고양이 모그》,《넌 내 멋진 친구야》를 검색해 보는 것이지요.

이것은 경험에 의한 호기심을 그림책으로 옮겨옴으로써 몰랐던 지식을 깨우치는 즐거움을 맛볼 수 있으며 더불어 그림책을 통해 알게 된 새로운 지식과 문학적 경험을 바탕으로 더욱 확장된 호기심을 불태울 수 있다는 면에서도 아주 효과적입니다. 게다가 이같은 그림책 육아법은 가까이에서 늘 아이를 지켜보는 엄마가 아니라면 결코 뒷받침해 줄 수가 없다는 점에서 엄마표 그림책 육아의 가치를 높여준다 하겠습니다.

비단 일상생활에서 몸으로 부딪친 직접적 경험만이 아이가 가지고 있는 지식의 전부를 차지하고 있는 것은 아닙니다. 아이는 그림책을 매개로 한 간접경험을 통해서도 다양한 지식들을 습득하게 되지요. 그런 차원에서 아이가 기존에 읽은 그림책의 경험을 바탕으로 새로운 그림책을 읽어보게 하는 것도 흥미로운 지도법이라고 할 수 있습니다. 패트리샤 폴라코의 《천둥 케이크》를 읽은 아이라면 《바부시카의 인형》의 등장인물이나 상황을 보다 풍요롭게 이해할 수 있을 것이며, 코키 폴의 《마녀 위니》를 읽은 아이라면 《샌지와 빵집 주인》에 카메오로 등장하는 마녀 위니를 찾아내고는 배꼽을 빼고 웃을 것입니다.

정보처리 이론에 따르면, 인간은 새로운 정보를 늘 자신이 가지고 있는 기존의 정보와 비교, 대조의 과정을 통해 저장 여부를 결정한다고 합니다. 이 과정은 문학 경험에도 예외일 수 없습니다. 앞서 예를 든 것처럼, 기존의 읽기 경험의 바탕 위에 새로운 그림책을 읽게 하는 독서지도 방법은 기존의 책과 새로운 책을 비교, 대조해 봄으로써 지식의 확장은 물론, 문학에 대한 보다 즐겁고 풍부한 경험을 해볼 수가 있다는 점에서 매우 효과적인 방법이라 할 만하지요.

내 아이에게 어떤 그림책을 접해 주고 어떻게 확장해 주어야 할지 막막하다면, 우선 아이가 알고 있는 것부터 차근차근 시작해 보는 것은 어떨까요? 내 아이에게 보다 풍요로운 문학적 경험을 제공해 주고 싶다면 아이가 읽은 그림책을 발판으로 삼아 보는 것은요? '이미 알고 있는 것', 호기심 유발의 마르지 않는 근원지니까요.

23 아이의 치수에 딱 맞는
책을 골라라

　아이의 옷을 살 때마다 늘 고민스럽습니다. 한 치수 크게 사자니 당장에 예쁘지 않을 듯하고, 딱 맞게 사자니 당장은 예쁘지만 내년에는 못 입힐 것 같습니다. 두 치수의 옷을 들었다 놓았다를 반복하며 어느 것으로 할까 고민에 고민을 하는 거지요.

　그림책을 살 때도 비슷한 고민을 합니다. 우리 아이 눈높이에 쉽다 싶을 정도로 딱 맞는 이 그림책, 들여주면 당장은 맛나게 읽을 수야 있겠지만 그 기간이 너무 짧지 않을까 싶습니다. 마치 예쁘게 딱 맞는 옷, 한철 잘 입히고 작아져 그 다음해 못 입히듯이 말이죠. 반면 전반적으로 조금 난이도가 있는 저 그림책, 당장 아이에게 읽히기에는 어려운 듯해도 활용 기간은 상대적으로 좀 더 길 듯합니다. 한두 치수 큰 옷처럼, 당장은 입기에 헐거워도 다음 해나 그 다음 해까지도 너끈히 입을 수 있는 것처럼 말이지요. 게다가 마음에 두고 있는 그림책이 몇 권의 단행본이 아닌 50~60권에 달하는 전집이라면 엄마의 고민은 더욱 깊어집니다. 목돈을 들이는데 기왕이면 오래 두고 읽힐 만한 그림책이 여러모로 낫지 않을까 싶어 눈길은 자꾸 아이의 독서력보다 한두 단계 어려운 책으로 향해 가는 거지요.

옷이야 좀 넉넉하다 싶어도 한두 치수 크게 사서 입힐 만합니다. 그 모양새가 예쁘지 않다는 것을 빼면 입는 데 크게 문제될 것이 없으니까요. 더구나 옷에 대한 호불호(好不好)가 꽤나 까다로운 우리 아이들, 색깔이나 디자인에 대한 취향은 가지고 있을지 몰라도 크기에 대한 취향을 보이는 경우는 드무니 사이즈 때문에 녀석들의 비위를 맞추고자 애쓸 필요도 없습니다.

하지만 책은 경우가 좀 다릅니다. 아이의 눈높이보다 한참 높은 사이즈의 그림책은 당장에 외면당하기 십상이지요. 제 눈높이에 맞지를 않으니 덥석 덤벼들어 읽어 달라는 소리를 하지 않습니다. 엄마 눈에는 충분히 재미있는 듯한데도, 그리고 그럭저럭 앉아서 듣는 듯해도 또 읽어줄까 물으면 고개를 휘휘 젓습니다. 큰 재미를 못 느끼니 당연 반복하여 읽겠다는 소리도 나오지 않습니다. 별 수 없습니다. 책꽂이에 꽂혀 먼지를 뒤집어쓰는 신세가 되거나 일찌감치 중고장터에 내다 팔리는 신세가 될 수밖에요.

설령 그림책의 어느 부분이 아이의 마음을 파고들어 열심히 읽는 것처럼 보여도 그 책이 주고자 하는 메시지를 속속들이 이해하며 읽는 것은 아닐 것입니다. 예를 들어 볼까요? 세 돌쟁이가 읽으면 단맛, 쓴맛 골고루 맛보며 꼭꼭 소화할 수 있는 그림책을 두 돌쟁이에게 읽혔다고 합시다. 두 돌쟁이 내 아이, 나름의 이해력으로 그 책을 읽는 것처럼 보여도 녀석은 딱 두 돌쟁이의 수준에서 두 돌쟁이의 이해력만큼 즐거워한 것이겠지요. 이해 못한 나머지는 마치 소화되지 못한 음식물처럼 덩그렇게 남겨질 것입니다. 그런데도 엄마는 착각합니다. 아이가 그 책의 전부를 즐겼으리라고 말이죠.

더욱 중요한 문제는 현재 아이가 소화해 낸 양이 얼마냐가 아니라 미처 소화되지 못하고 남겨진 부분이 다시금 꼭꼭 소화될 기회를 갖느냐 그렇지 않느냐일 것입니다. 시간이 흘러 훌쩍 자란 우리 아이, 그 책의 80~90%를 이해할 수 있는 나이가 되었다 하더라도 녀석의 손은 선뜻 그 책으로 향하지 않습니다. 아이의 기억 속에 저장된 그 책의 이미지란 마냥 어렵고 그로 인해 재미없는 책으로 단단하게 고정되어 있기 때문이지요. 부모는 또 어떤가요? 우리 아이 두 돌 때 이미 여러 번 반복해 읽힌 그림책이라며 다시금 읽힐 생각을 잘 하지 못합니다. 결국 아이는 그 책의 소화하지 못한 80~90%의 재미를 꼼꼼히 맛볼 기회를 영영 잃어버릴 수도 있다는 것이죠.

때문에 오래 두고 읽히겠다는 생각으로 아이의 독서력에 걸맞지 않는 그림책을 미리 구입하는 것은 여러모로 현명한 방법이 아닙니다. 아이에게 그림책을 사주는 이유는 지금 재미있게 읽기 위해서가 아니던가요? 당장 아이의 눈높이에서 마음껏 호흡할 수 없는 책을 넣어주고서 아이가 속속들이 즐기지 않음을 고민할 까닭이 없습니다. 또는 그 월령에 넣어주면 짭짭거리며 재미나게 읽을 수 있는 수많은 그림책들을 젖혀 두고 좀 더 자란 후 읽혀도 늦지 않을 책들을 소화에 대한 부담을 안고서까지 당겨 읽힐 필요가 어디 있을까요.

게다가 오래오래 두고 읽는 책은 난이도가 높아 천천히 활용할 수 있는 책이 아닌, 아이가 정말 좋아하는 책이더라는 것을 딸아이를 보면서 느낍니다. 녀석은 지금도 돌쟁이, 두 돌쟁이 때 읽던 그림책들을 꺼내서 즐겁게 읽곤 합니다. 누가 뭐래도 내가 사랑한 책이야말로 오랜 세월의 무게를 뛰어넘는 나만의 명작이 될 것입니다. 부모의 바람대로 비로소 두고두고 읽힐 수 있는 책이 되는 것이지요.

작아진 옷은 입기 힘듭니다. 팔도 동강해지고 허리도 죄어 오니까요. 그러나 우리 아이 눈높이에서 한참 쉬워졌다 싶은 그림책, 다시 읽어도 그 재미가 쏠쏠합니다. 엄마와 함께 그 책을 읽을 때의 즐거움이 새록새록 되살아나기도 할뿐더러, 그때 미처 소화하지 못했던 5%를 뒤늦게 깨닫는 즐거움도 있으니까요.

책은 옷이 아닙니다. 한두 치수 크게 살까를 고민하기보다, 당장 아이가 맛있게 즐길 수 있는 치수를 고민하시는 게 어떨까요? 부모의 바람대로 두고두고 읽힐 수 있는 책이란 결국 당장 맛있게 읽은 책이니까요.

24 '시간차 반복기'를 보내는
현명한 자세

　'앉은자리 반복기'를 지나면 아이의 독서 패턴에 변화가 찾아옵니다. "또 읽어줘!"라는 표현이 어느 순간 슬금슬금 사라지기 시작하면서, 책낯가림이 없어지고 익숙한 그림책보다는 새 책을 좋아하게 됩니다. 대개 이러한 독서 형태를 '다독(多讀)'이라고 표현하는데, 저는 그 대신 '시간차 반복'이라는 단어를 사용하기로 하겠습니다.

　'다독'은 많은 양의 책이나 글을 읽는 것을 의미합니다. 물론 이 시기의 아이들의 독서 성향을 보건대 호기심의 범위가 다양해지면서 독서의 범주도 폭넓게 나타나는 것은 틀림없는 사실입니다. 그러나 많은 종류의 그림책을 두루두루 읽는다고 하여 반복을 전혀 하지 않는 것은 아닙니다. 자세히 관찰해 보면 오히려 아이들은 좋아하는 그림책을 중심으로 여전히 반복하기를 즐기고 있음을 알 수 있지요. 단지 앉은자리에서 또 읽어 달라는 소리가 쑥 들어간 것뿐이지 시간차를 두고 반복한다는 측면에서는 그리 달라진 것이 없다는 뜻입니다.

　이러한 측면에서 본다면 '시간차 반복기'를 보내는 아이에게 적합한 독서 교육은 다음의 두 가지로 정리해 볼 수 있습니다.

　첫째, 아이의 호기심을 충족하고 확장시키기 위해 다양한 영역의 책들을 읽혀야 합니다. 비유컨대, '앉은자리 반복기'의 아이들이 '우리 집'이라는 좁은 활동반경에서 매일 같은 놀이를 즐겼다면, '시간차 반복기'의 아이들은 '우리 마을'이라는 한층 넓어진 활동반경에서 보다 다양한 놀이를 즐긴다고 할 수 있습니다. 활동반경이 넓어진 만큼 그에 필요한 그림책의 범주도 넓어질 필요가 있다는 뜻이지요. 다시 말해, 이전까지의 책읽기가 창작 그림책 중심으로 진행이 되어 왔다면 '시간차 반복기'의 아이들에게는 창작 그림책만 가지고는 아이들의 호기심을 해결하기에는 역부족이라는 것입니다. 창작 그림책에서부터 자연관찰과 같은 지식정보 그림책, 전래동화와 같은 옛이야기 그림책 등 그 영역을 두루두루 넓혀가야 합니다. 그러므로 '시간차 반복기'의 자녀를 둔 부모는 현재 아이의 호기심이 무엇이며, 그 호기심에 대처할 수 있는 그림책에는 어떤 것이 있는지를 찾아보려는 노력을 게을리 해서는 곤란합니다. 아이의 호기심이 어디로 튀고 있는지를 예리하게 알아챌 수 있는 성능 좋은 안테나를 항상 켜두고 있어야 하는 것이지요. '시간차 반복기'에 들어섰다는 것은 본격적으로 도서관을 이용할 수 있는 시점이 되었음을 의미하기도 합니다. 늘 새 책에 목말라하는 아이에게 매번 책을 구입해 줄 수는 없는 노릇이니 정기적으로 도서관을 이용함으로써 새 책에 대한 갈증을 풀어줄 수 있으니까요. 도서관 이용이 어렵다면, 일정기간 동안 대여해서 볼 수 있는 전집대여 사이트나 저렴한 중고책을 사주는 것도 좋은 방법이 될 수 있습니다. 또는 비슷한 또래를 키우는 이웃끼리 책을 교환하여 보는 방법도 추천할 만합니다.

둘째, 다양한 영역의 책들이 필요하기는 하지만 여전히 반복을 하고 있다는 사실을 잊지 마셔야 합니다. '시간차 반복기'는 말 그대로 당장의 반복은 뜸하다 할지라도 시간 간격을 두고 드문드문 반복하는 경향을 보입니다. 즉, 한 번 읽고 잠시 시차를 두었다가 다시 읽는 패턴을 반복함으로써 그림책의 내용을 완전히 자기것화 한다고 볼 수 있습니다.

그런데 간혹 아이들의 이 같은 독서 패턴을 이해하지 못한 채, 도서관이나 대여점에서 대출하여 한두 번 읽힌 그림책은 다시 읽히려 하지 않거나, 또는 두어 번 읽혔음에도 충분히 읽혔다 생각하여 중고장터에 내놓는 경우를 접할 수 있습니다. 시간을 두고 반복하여 책을 읽을 필요가 있는 것은 성인도 마찬가지라고 했을 때, 아직 이해력이나 기억력이 완전치 못한 유아들이야 두말할 것이 없지 않겠습니까? 때문에 당장에 반복하지 않는 이유를 이 책을 완전히 소화했기 때문이라고 생각하면 곤란합니다. 아이가 다음, 그 다음의 반복을 할 때까지 넉넉히 시간을 가지고 기다려주는 여유가 필요합니다. '시간차 반복기'의 아이들, 녀석들의 기억력과 이해력을 너무 믿지 마세요. 아직도 녀석들에게 반복에 반복은 필수조건입니다.

25 자연관찰 그림책 백배 즐기기

엄마도 즐겨라

　자연관찰 그림책을 읽어주기란 부모에게도 녹록지 않은 일입니다. 창작 그림책이나 옛이야기 그림책이야 이야기를 따라가는 재미라도 있으니 부모 또한 흥미를 붙여가며 읽어줄 만한데, 사뭇 딱딱한 지식들이 넘쳐나는 자연관찰 그림책은 읽어주는 부모도 역시 배배 몸이 틀린다는 말을 합니다.

　그러나 그림책을 읽어주는 부모의 감정이 아이에게도 고스란히 전달되는 것을 아세요? 부모도 흥에 겨워 즐겁게 읽어주는 것인지, 의무감으로 심드렁하게 읽어주는 것인지 예민한 우리 아이들이 모를 리가 있겠습니까? 엄마도 재미없어 마지못해 읽어주는 책을 아이가 재미를 붙이기는 쉽지 않을 터입니다.

　자연관찰 그림책, 부모도 즐겨 보세요. 아이도 따라 즐거워합니다.

앎의 즐거움에 함께 감탄하라

"엄마, 다람쥐는 곤충이나 곤충의 애벌레도 먹는대!"

다람쥐에 관한 자연관찰 그림책을 읽던 딸아이가 목소리를 높입니다.

"그래? 엄마는 다람쥐가 도토리나 알밤 같은 나무 열매만 먹는 줄 알았더니 그게 아니었구나. 우와, 신기하다."

"그치, 엄마? 정말 신기해!"

자연관찰 그림책이 필요한 이유는 이게 무엇이며 왜 그런지에 대해 궁금해 하는 아이들의 호기심을 충족시키며 한발 더 나아간 지식의 세계에 눈을 돌리게 하기 위해서입니다. 즉 앎의 즐거움을 맛볼 수 있는 책이라는 것이죠.

아이가 알아낸 새로운 사실에 엄마도 감탄의 맞장구를 쳐주세요. 새로운 지식을 알아간다는 것이 얼마나 유쾌하고 즐거운 일인지 눈을 빛내며 감탄하는 엄마를 통해 아이 또한 즐겁게 배울 수 있으니까요.

다양한 장르의 그림책과 연계시켜라

자연관찰 그림책을 창작 그림책과 함께 읽힘으로써 아이들은 즐거움과 이해를 동시에 맛볼 수 있습니다. 창작 그림책을 통해 대상에 대한 호기심을 유발시킨 후, 자연관찰 그림책을 통해 그 호기심에 대한 답을 구할 수 있습니다.

'개구리'에 관한 자연관찰 그림책을 읽어줄 예정이라고 합시다. 개구리의 생김새는 어떠하며, 성장과정은 어떻게 거치는지, 무얼 먹고 사는지에 관한 정보를 부어주기에 앞서 개구리에 대한 호기심을 유발하는 것이 더욱 효과적인 접근법이 될 것입니다.

예를 들어 작은 늪에 사는 작고 작은 개구리 한 마리가 겪는 익살맞고 유쾌한 이야기인《개구리 한 마리》를 읽으며 개구리에 대해 즐겁게 접근한 후,《개구리가 알을 낳았어》를 읽어준다면 개구리에 관한 더욱 심도 있는 탐색이 가능해질 수 있습니다.

아이의 생활과 연계시켜라

곤충박물관 관람을 갈 예정이라면 곤충 관련 그림책을 읽어 보는 것입니다. 딸기밭에 놀러 갈 예정이라면 딸기에 관한 그림책을 읽어보는 것이지요. 자연관찰 그림책을 읽지 않으려 하는 이유 중 하나는 읽고자 하는 동기 유발이 되어 있지 않기 때문입니다. 하지만 '놀러 간다'라는 기대만으로도 아이는 이미 책읽기에 대한 충분한 동기 유발이 되어 있는 상태입니다. 그럴 때 읽어주는 그림책은 그대로가 꿀맛입니다. 더구나 이렇게 그림책을 통해 섭취한 지식을 현장에 가서 온몸으로 확인하는 것은 생각 외로 즐거운 경험입니다. 이미 알고 있는 것을 다른 경로를 통해 재확인하는 즐거움이야 어른이라고 다를까요? 이러한 과정이 반복되면 자연관찰 그림책을 읽는 즐거움, 즉 앎의 즐거움을 자연스럽게 터득하게 될 것입니다.

보는 만큼 알기도 하지만 아는 만큼 보인다는 사실, 자연관찰 그림책을 통해 실천해 볼 수 있습니다.

독후활동으로 확장시켜라

대개의 독후활동이 그림책을 읽고 그것을 다양한 방법으로 확장시키는 차원에서 행해진다면, 자연관찰 그림책은 독후활동을 미끼 삼아 자연관찰 그림책을 읽게 만들 수도 있다는 점에서 차이를 보입니다. 물론 동기야 어찌되었건 결과적으로 그림책의 내용을 확장할 수 있다는 점에서는 마찬가지라고 할 수 있지만요.

예를 들어 빈 우유팩을 이용해 고래를 만들어 보겠다고 했을 때, 놀이에 앞서 고래 관련 자연관찰 그림책을 읽어보는 것입니다. 고래를 만들기 위해서는 그림책을 통해 고래의 생김새를 자세히 관찰해 보자는 부모의 제안을 아이 또한 덥석 받아들일 수 있는 것이죠. 뚝딱뚝딱 무언가를 만든다는 사실이 이미 책을 읽고자 하는 강력한 동기 유발의 기능을 담당하고 있으니까요.

이렇게 그림책을 읽고 즐거운 독후활동이 따르는 경험을 반복하는 동안, 자연관찰 그림책의 몰랐던 재미를 살금살금 깨달을 수 있습니다. 이후에는 누가 뭐라 하지 않아도 놀이에 적합한 그림책을 알아서 척척 찾아오는 모습으로까지 발전할 수 있으며, 더 나아가 스스로 책을 읽고 뚝딱뚝딱 만들어 보기도 하는 셀프 독후활동으로까지 나아가는 모습을 보여줄 수도 있습니다. (3부 3장, '독후활동으로 연계하라' 참고)

146

부모가 먼저 읽어라

자연관찰 그림책을 읽어줄 때, 한 글자도 놓치지 않고 모조리 읽어주겠다는 생각을 부려놓고 출발하세요. 가장 바람직한 방법이라면 아이의 독서 수준에 넘치거나 모자라지도 않을 만큼 찰랑찰랑한 정보로 구성된 그림책을 가감 없이 읽어주는 것이겠지요. 그러나 대개 아이의 월령 또는 현재 아이의 이해력보다 지나치게 높은 수준의 자연관찰 그림책을 전집으로 들여 주는 경우가 많은 까닭에(결국은 그것이 자연관찰 그림책을 거들떠보지 않는 이유 중의 하나가 되기도 하지만), 한입에 먹기 좋게 손질하는 가공의 과정을 거쳐주는 것이 좋습니다. 그 많은 정보량을 한꺼번에 습득시키겠노라 욕심을 부리다가는 체하기 딱 좋을 수밖에 없으니까요. 한 번 체한 음식은 다시 먹기 싫듯이, 한 번 물린 그림책은 다시 읽기 싫어집니다. 그림책에 실린 모든 정보를 하나도 흘리지 않고 떠넣어 주겠노라는 엄마의 견고한 태도가 아이에게는 지루함을 유발할 수 있다는 점, 주의를 기울여야 합니다.

때문에 부모가 먼저 읽어 내용 파악을 한 뒤 아이의 이해력에 맞도록 적절하게 자르고 토막 내어 재미있는 이야기를 들려주듯 풀어놓아 보세요. 지루할 틈 없이 술술 넘어가니 자연관찰 그림책도 참으로 재밌더라는 사실을 아이가 깨닫는 데에는 그리 오랜 시간이 걸리지 않습니다.

26 중고 그림책 구매에 관한 모든 것

　중고 그림책만 거래하는 사이트가 있을 정도로, 최근 들어 인터넷을 통한 중고 그림책 거래가 활발하게 이루어지고 있습니다. 손품만 조금 판다면 새 책같이 깨끗한 중고 그림책들을 저렴한 가격에 구입할 수 있는 까닭에, 그림책 육아를 진행하는 부모들로부터 많은 호응을 받고 있기도 합니다. 그러나 이렇다 할 정보 없이 덥석 구매를 했다가는 낭패를 보는 경우도 있으므로 꼼꼼히 따져보고 확인하는 과정을 반드시 거쳐야 합니다.

중고 그림책 구매의 기술
구입하고자 하는 그림책의 전반적인 가격 흐름을 살펴봅니다
　중고 그림책 가격을 좌우하는 것은 다음과 같습니다.

가. 상품의 희소성

아이들에게 인기 있는 그림책은 당연히 공급보다 수요가 많습니다. 중고책임에도 가격이 결코 싸지 않을 수 있다는 것이지요. 때에 따라서는 조금 더 보태어 새 책을 사는 것이 나을 수도 있으므로 무조건 중고책이 경제적일 것이라는 생각은 보류해 두어야 합니다.

나. 발행연도

몇 년도에 발행이 되었느냐도 가격 결정의 기준이 됩니다. 구입을 희망하는 그림책이 있다면, 발행연도에 따른 가격 흐름도 살펴보아야 합니다.

다. 책의 상태

인터넷을 통한 중고 그림책 구매 시, 가장 많은 문제가 발생할 수 있는 사항입니다. 그림책의 상태에 대한 판단이 상당히 주관적이라 판매자와 구매자 사이의 시각차가 발생할 수 있기 때문이지요. 제본 불량, 찢어짐, 낙서 등 책의 상태에 대해 꼼꼼하게 알아본 후 결정해야 실수가 없습니다.

라. 책의 구성

전집의 경우는 전체 구성에서 한 권이라도 비면 가격이 뚝 떨어집니다. 그러나 전 구성을 꽉 채워 산다는 것은 심리적으로 뿌듯할 뿐, 책을 읽는 것에는 아무런 문제가 되지 않습니다. 상태가 좋다면 구성 중 일부가 비는 중고 그림책을 사는 것도 저렴하게 구입하는 한 방법이 될 수 있습니다. 단, 빠진 책이 무엇인지 반드시 알아보고 구매 결정을 해야 합니다. 해당 전집 안에서도 유난히 아이들에게 인기가 많은 책이 빠져 있다면, 단팥 빠진 호빵을 구입하는 것과 마찬가지일 수 있으니까요.

되도록이면 안심거래를 이용하는 것이 좋습니다

중고책을 거래하는 과정에서 발생하는 여러 부작용을 막기 위해 대개의 중고 그림책 사이트에서는 안심거래를 쓰고 있습니다. 안심거래란 판매자와 구매자 간의 직거래가 아닌, 해당 사이트가 그 사이에서 중재 역할을 해 주는 형태를 의미합니다. 중고 그림책은 입금 후 책을 받는 거래 방식을 취하는 까닭에, 자칫 돈을 지불하고도 책을 받지 못하는 경우가 발생할 수 있으므로 판매자와의 직거래는 되도록 삼가는 것이 좋습니다.

반품의 여부를 확인해야 합니다

실제로 그림책을 받아보았을 때, 판매자의 말과 책의 상태에 차이가 많이 나는 경우가 있습니다. 예상과는 달리 그림책의 상태가 지나치게 좋지 않다면 아이에게 읽히는 내내 마음이 쓰여 즐거운 책읽기를 방해할 수도 있습니다. 그럴 경우를 대비해 거래를 하기 전 반품의 여부를 확실하게 챙겨두는 것이 좋습니다.

책의 구성이 맞는지 반드시 확인해야 합니다

전집은 책의 구성이 빠진 것이 없는지 반드시 확인해야 합니다. 판매자의 실수로 한두 권 빠진 상태에서 배송이 될 수도 있는 까닭에, 애초에 사고자 한 구성과 다름이 없는지 받자마자 확인해야 실수가 없습니다. 뒤늦게 구성이 비었음을 알았을 때는 판매자와 연락이 되지 않아 낭패를 볼 수도 있기 때문입니다.

중고 그림책 거래 사이트

중고 그림책 시장은 여전히 전집이 주를 이루고 있으나 최근 들어 단행본 그림책을 거래하는 사이트도 꽤나 활성화되고 있습니다. 단행본은 수량이 많지 않아 재바르지 않으면 구매하기 어렵다는 단점이 있어, 눈에 띄는 대로 장바구니에 주워담을 수 있는 까닭에 무엇보다 충동구매에 유의해야 합니다.

활성화된 중고 그림책 거래 사이트는 다음과 같습니다.

- 테마북 http://www.themebook.com
- 오픈북 http://www.openbook.co.kr
- 아이베이비 http://www.i-baby.co.kr
- 개똥이네 http://www.littlemom.co.kr
- 세원북 http://www.swbook.co.kr
- 알라딘 http://www.aladdin.co.kr

27 책나들이를 떠나자

그림책 육아의 일차적 목표는 책과 스스럼없는 친구 사이가 되게 하는 데 있습니다. 책과 절친한 사이가 되기 위해서는 많이 만나고 많이 어울리는 것만큼 좋은 방법이 없겠지요. 그런 차원에서 아이와 함께 그림책을 찾아 나서는 책나들이는 책과 즐겁게 어울릴 수 있는 기회를 마련해 준다는 점에서 적극 권장합니다.

책나들이라 하면 흔히 도서관과 서점을 떠올립니다. 그렇지요. 가까운 도서관이며 서점은 돈 안 들이고 책과 만나고 어울릴 수 있을 뿐만 아니라 부모와 함께 바깥바람까지 쐴 수 있는 나들이 공간으로 더할 나위 없이 훌륭한 장소들입니다. 그러나 책나들이의 공간이 도서관이나 서점과 같은 오프라인에만 한정되는 것은 아닙니다. 인터넷 서점, 인터넷 커뮤니티 등 온라인에서도 그 즐거움은 다양하게 연장될 수 있습니다. 온라인과 오프라인을 넘나드는 책나들이, 즐길 수 있다면 피할 까닭이 없습니다.

도서관 책나들이는 어렵다?

독서 교육에 대한 관심이 사회 전반으로 확산되면서 책을 읽고 즐길 만한 공간이 차츰 확대되고 있습니다. 아쉬운 대로 동네마다 사랑방 같은 작은 도서관들이 들어서 놀러 갈 곳 마땅치 않은 우리 아이들에게 풀밭구리 쥐 드나들 듯 드나들 수 있는 공간으로 자리 매김하고 있지요. 참으로 즐거운 일입니다.

그러나 도서관 나들이를 생각보다 어렵게 생각하시는 부모들이 많습니다. 도서관을 잘 이용하지 못하는 까닭을 그림책 읽어주는 엄마들에게 물었더니, 대개 이런 대답을 하시더군요.

- 직장맘이라 시간을 내기가 쉽지 않다.
- 아이가 너무 산만하게 굴어 데리고 가기 어렵다.
- 도서관이 근처에 있기는 하나 책이 적고 상태가 너무 불량하다.

정기적으로 꼬박꼬박 도서관 나들이를 가는 것은 결코 쉬운 일이 아닙니다. 주말마다 시간을 내기도 어려울뿐더러, 시간 쪼개어 갔다 하더라도 책을 볼 궁리보다는 다른 놀이에 빠져 있는 아이와 실랑이를 하다보면 피곤하기도 하고 화도 나기도 하여 도서관 나들이를 포기하는 경우도 생깁니다. 그냥 집에서 읽히고 말자는 쪽으로 마음을 바꿔 먹는 것이지요.

그러나 도서관 나들이에 필요한 시간은 생각보다 많지 않습니다. 아이의 집중력을 고려할 때, 그림책을 고르고 몇 권 읽어주는 시간으로 한두 시간 정도면 충분하지 않겠습니까? 일주일 또는 이 주일에 한두 시간 정도를 도서관에 할애해 보자는 마음만 먹는다면 사실, 시간이 없다는 것은 변명처럼 느껴집니다. 차갑게 말하자면 시간이 없어서라기보다는 마음이 없어서라는 말이 더 맞지 않을까 싶으니까요.

아이가 산만하게 굴어 데리고 가기 힘든 경우에는 도서관 이용 시기를 조금 늦춰 보거나 도서관에서는 책만 빌리고 읽는 것은 집에 와서 해 주는 것도 하나의 방법입니다. 도서관 이용수칙을 따르기 힘들 정도로 어린 월령의 아이라면 아이가 행동화할 수 있을 정도로 자랐을 때부터 이용해도 무방합니다. 이용수칙을 이해하고 행동화하지 못하는 시기의 아이들은 대개 '앉은자리 반복기'의 단계와 맞물려 있습니다. 이 시기의 아이들은 도서관에서 꾸준히 책을 빌려다 보아야 할 정도로 많은 종류의 책을 필요로 하지 않기 때문에 정기적인 도서관 나들이에 크게 얽매일 필요가 없습니다.

또한 도서관에서 진득하게 앉아 여러 권의 책을 읽히고 싶은 부모 마음과는 달리 아이가 따라주지 못한다면 도서관에서는 가볍게 그림책만 빌리는 것도 좋습니다. 많은 아이들이 드나드는 도서관은 차분하게 책을 읽기에는 오히려 집보다 더 산만한 경향이 있습니다. 그 분위기에 적응 못하는 아이라면 굳이 도서관에 앉아서 책을 읽히겠노라 실랑이를 벌일 필요가 없습니다. 도서관이란 고른 책을 그 자리에서 읽을 수도 있는 곳이지만 집으로 빌려와 일정 기간 읽은 후 반납하는 곳이라는 사실만 알아도 그맘때의 아이들에게는 충분한 이용 정보가 되는 것이지요.

마지막으로 도서관의 책이 너무 적은데다 책 상태가 좋지 못해 아이에게 읽히기 꺼려진다면 서점으로 발길을 옮겨 보시는 것은 어떨까요? 도서관에 비해 깨끗한 책들이 많은 까닭에 부모의 께름칙한 기분을 어느 정도 상쇄시켜 줄 수 있으니까요. (서점 책나들이에 대한 이야기는 후술합니다.)

도서관 책나들이, 이렇게 해보자

딸아이와 함께 도서관 나들이를 본격적으로 하기 시작한 것은 녀석 네 살 무렵, 아이가 자람에 따라 도서관을 즐기는 나름의 방법에도 변화를 겪습니다. 처음에는 엄마나 아빠가 읽어주는 그림책을 열심히 듣거나, 녀석이 좋아하는 그림책을 찾아주면 받아 읽는 수준에서 즐기던 것이 이제는 필요한 그림책을 찾아 빌리는 것까지 스스로 알아서 합니다. 읽어 봤으면 좋겠다 싶은 그림책이 있으면 도서관에 가기 전, 인터넷 검색을 통해 책의 대출 유무를 미리 알아봅니다. 마침 책이 있다면 청구기호를 메모하여 도서관에서 찾아보는 것이지요. 이렇게 빌려온 책은 일방적으로 엄마가 빌려준 책보다 더욱 재미날 수밖에 없습니다. 어쩌다 도서관 나들이를 거르게 되면, 딸아이의 입에서 가고 싶다 노래가 나오는 것도 그간의 즐거운 경험이 쌓였기 때문일 것입니다.

도서관 나들이가 기다려지게 하기 위해서는 분명 나름의 전략이 필요합니다. 아주 간단한 게임이라도 규칙과 놀이법을 배워야 즐길 수 있는 것처럼, 도서관을 즐기는 방법도 속속들이 배워야 하는 것이지요. 도서관을 더욱 재밌게 즐기는 방법을 몇 가지 정리해 보면 다음과 같습니다.

첫째, 도서관에 왔으니 한껏 많이 읽혀야겠다는 욕심만큼은 도서관 입구에 탈탈 털어놓고 들어가기를 권합니다. 부모의 바람대로 이 책 저 책 뿌듯하게 읽고 가는 것도 좋겠지만, 단 한 권의 그림책이라도 신나게 읽었다면 그 나들이는 성공적이라 할 만합니다. 도서관은 책을 읽는 곳이기는 하지만, 책만 읽는 곳은 아니니까요. 달랑 5분 책을 읽고 50분을 도서관 앞마당에서 뛰어놀아도 좋습니다. 아이에게 도서관은 언제 놀러 가도 즐거운 곳이라는 생각을 심어줄 수 있다면요.

둘째, 아이 스스로 책을 빌려 보게 하는 것입니다. 아이 이름의 대출카드를 발급받아 이 카드는 네 것이니 네가 원하는 책을 네 맘껏 빌려 봐라며 큰 인심 쓰듯 건네주는 것이지요. 대출대에서 본다면 머리끝만 살짝 보일 정도로 조그마한 녀석이 제 이름자 박힌 카드와 제 입맛대로 고른 그림책들을 끙끙 내밀며,

"이 책 빌려 갈 거예요."

라고 할 때, 스스로 생각해도 마치 초등학교 형아가 된 것처럼 자랑스럽고 뿌듯할 것입니다. 그렇게 빌린 그림책은 더욱 애착이 갑니다. 모르긴 해도 엄마가 빌린 책보다 먼저 꺼내 읽을 것이 분명합니다. (단, 도서관에 따라 대출증 발급 연령에 제한을 두는 곳도 있습니다.)

셋째, 아이와 함께 책 찾기 게임을 즐겨 보세요. 도서관에 가기 전

빌리고 싶은 책목록의 청구번호를 미리 메모한 후 해당 그림책을 찾아보는 것도 하나의 방법입니다. 게임을 좋아하는 아이들의 특성상, 누가 먼저 찾는지 내기를 걸어 본다면 눈이 반짝반짝하여 덤벼들 것이 틀림없습니다. 또는 주제를 정하여 해당 책을 찾아보는 게임을 해 보는 것도 좋습니다. 예를 들어 '제목에 꽃이름이 들어가는 책 찾아보기'처럼 말이지요. 그렇게 찾은 책을 다 읽지 않아도 좋습니다. 즐겁게 책을 찾아가는 과정만으로도 아이는 도서관에 흠뻑 정을 붙일 테니까요.

넷째, 더불어 이렇게 책을 찾아 도서관을 누비는 과정은 도서관의 구석구석을 관찰할 수 있는 기회가 되며 그것은 예기치 못한 즐거움을 가져오기도 합니다. 입맛에 동하는 그림책들을 불쑥불쑥 만날 수 있게 되는 것이지요. 수많은 책들 속에서 내가 좋아하는 공룡 팝업북을 발견한 기쁨은 아마도 보물을 찾아낸 기분과 맞먹을 만합니다. 이 같은 경험이 착착 쌓인다면 넓은 도서관이 아이의 손바닥 안처럼 환해질 날이 오겠지요. 도서관을 제 집처럼 속속들이 즐길 수 있게 되는 것입니다.

서점 책나들이, 이렇게 해보자

서점도 참으로 훌륭한 나들이 공간입니다. 도서관보다 책 상태가 깨끗하여 어린아이를 데리고 가도 마음이 조금 놓일 뿐만 아니라, 도서관에는 채 구비되지 못한 갓 나온 따끈따끈한 신간들을 만날 수 있으니 도서관 나들이와는 또 다른 즐거움을 맛볼 수 있는 공간이지요. 그것뿐일까요? 나들이에 앞서 네가 원하는 그림책을 한 권 사 주겠다는 약속까지 곁들여 준다면 아이의 즐거움은 배가 될 것입니다. 아무리 재밌는 그림책이라도 반드시 되돌려주어야 하는 도서관과는 달리 '내 책'이라는 소유의 즐거움을 경험할 수 있는 서점 나들이는 그것대로 즐겁습니다.

물론 책을 사 주기에 앞서 부모는 아이의 선택을 존중해 주는 마음가짐을 단단히 쥘 필요가 있습니다. 아이의 눈을 단박에 사로잡는 책들이라는 것이 대개 부모의 눈에는 탐탁지 않을 확률이 높거든요. 그렇다 하여 부모의 취향을 은근슬쩍이라도 강요한다면 '네 마음에 드는 책'이라는 엄마의 약속은 고스란히 거짓말이 되어 버립니다. 제 고집대로 사놓고 뒤늦게 그 형편없음에 후회하더라도 아이 스스로의 선택을 지지해 주는 굳은 심지가 필요합니다. 당장에는 그렇게 지불한 책값이 속을 쓰리게 할 수도 있지만 책 고르는 안목을 키우기 위해 지불하는 시행착오성 대가라고 생각한다면 쓰린 속이 조금은 편안해지지 않겠습니까?

더불어 부모는 아이가 골라 담는 그림책들을 통해 아이의 취향을 깨달을 수 있습니다. 부모와 아이가 책을 고르는 관점에 차이가 지는 경우가 많습니다. 대개의 부모들은 교육적인 내용이 듬뿍 담긴 책을 선호하는 경향이 강한 반면, 아이들은 순전히 제 눈에 즐거운 책을 고르지요. 교육성과 문학성은 별개의 문제입니다. 교육적 요소가 두텁다 하여 그 책의 문학성까지 높을 것이라 단정할 수는 없으며 아이의 입맛에 살살 녹을 정도로 달콤짜릿하게 즐거운 책이라 하여 그 책의 문학성을 낮추어 볼 수는 없다는 뜻이지요. 아이가 스스로 고르는 책들을 유심히 살펴보면 녀석의 문학적 취향까지 덤으로 챙길 수 있습니다. 부모 취향에 맞지 않는 책을 고른다 하여 마냥 탐탁지 않을 이유가 없다는 대목입니다.

책을 구입하는 데 있어 아이와의 갈등을 최소로 줄이고 싶다면 어린이전문서점을 이용하는 것도 하나의 방법이 됩니다. 어린이전문서점은 일반 서점과는 달리 한 번 걸러놓은 양질의 책들이 꽂혀 있는 까닭에, 아이가 무얼 선택하든 해가 될 것이 없는 까닭입니다.

온라인 책나들이, 이렇게 해보자

오프라인 서점 나들이가 마땅치 않다면 온라인 서점도 나름 훌륭한 나들이 공간이 될 수 있습니다. 비록 발로 떠나는 책나들이는 아니지만, 눈으로 떠나는 나들이로서 나름의 즐거움을 주는 까닭입니다.

저는 딸아이와 함께 온라인 서점을 돌아보며 새로 나온 그림책에 대한 정보와 궁금했던 책에 대한 정보를 함께 훑어 보기를 즐겨합니다. 온라인 서점 나들이의 꽃은 감질맛 나는 '미리보기' 기능이라고 할 수 있습니다. 한창 이야기의 물이 오를 무렵 마지막 페이지가 닫히면 딸아이는 뒷이야기가 궁금해서 팔딱거립니다. 이미 책에 대한 호기심이 훅훅 달아올랐음은 말할 것도 없는 상황이지요. 게다가 마치 컴퓨터 게임을 하는 듯한 생각이 들어서인지(컴퓨터 게임에 대해 엄마는 얼마나 야박하던가요?) 녀석의 눈은 즐거움으로 빛이 납니다.

책 소개를 함께 읽어보며 책에 대한 이런저런 이야기를 나누는 것은 꽤나 즐거운 시간입니다. 또 그렇게 훑어본 그림책들 중 꼭 사고 싶은 책이 눈에 띄면 장바구니에 담아두는 것도 잊지 않습니다. 제가 임의적으로 사 주는 책보다 스스로 선택하여 골라 담은 책에 대한 애착은 눈에 띄게 다릅니다. 언제쯤 책을 받아볼 수 있느냐며 사람을 달달 졸라대는 것만 봐도 책을 빨리 받아 보고픈 녀석의 즐거운 설렘을 짐작할 수 있습니다.

서점은 아니지만 그림책을 주제로 모인 인터넷 커뮤니티를 방문하는 것 또한 즐거운 책나들이가 될 수 있습니다. 아이와 또래인 다른 집 아이가 책을 읽거나 활용하는 모습 등을 함께 봄으로써 책에 대한 흥미를 돋우게 하는 것이지요. 일단 화면 속에서 즐겁게 책을 읽는 또래 아이를 보는 것만으로도 아이들의 눈은 반짝입니다. 아이가 눈을 빛낼 동안 부모는 아이의 관심사가 그림책에 쏠릴 수 있도록 해당 책에 대한 정보를 조금씩 흘려주는 것도 좋습니다.

"소은이는 너랑 동갑인 여섯 살인데《병원에 입원한 내 동생》이라는 책을 참 좋아한대. 사진을 보니까 정말 즐겁게 읽고 있구나.《순이와 어린 동생》이라는 책 읽어봤지? 그 그림책의 작가인 하야시 아키코 아줌마가 그린 그림책이《병원에 입원한 내 동생》이란다."

또래도 재밌게 읽는 그림책이라는 사실만으로도 내 아이의 흥미를 돋우기에 충분한 매력을 지니고 있습니다. 그것도 그 친구가 정신을 빼고 읽는 모습을 눈으로 확인까지 할 수 있으니, 나도 저 친구처럼 읽어보고 싶다는 마음이 슬금슬금 동할 테지요.

눈으로 실컷 그림책 나들이를 했다면, 아이에게 그중 읽고 싶은 그림책 목록을 작성하도록 합니다. 이렇게 작성한 목록표는 도서관에서 책을 빌릴 때에도, 서점에서 책을 구입을 할 때에도 상당히 요긴하게 쓰일 수 있습니다.

책을 읽고 싶다는 동기 유발에 책 선택의 어려움까지도 단박에 해결이 되는 온라인 책나들이, 간편하게 즐길 수 있으면서도 그 영양가만큼은 쫀쫀한 한 그릇 비빔밥과도 같습니다.

책나들이를 떠나자

도서관으로 서점으로 나서 보세요. 집 안에서 내 책꽂이에 꽂힌 책들만 뽑아 읽는 재미와는 또 다른 역동적인 즐거움이 있습니다. 우리 집에는 없는 다양한 종류의 책을 맘껏 읽을 수 있다는 재미에다 스스로 책을 고르고, 빌리고, 사는 재미까지 더해지니 책을 통한 즐거움이 한두 가지가 아님을 아이는 온몸으로 터득합니다.

이렇게 다양한 경로로 책과 만나고 즐길 수 있는 아이에게는 생각지 못한 큰 선물이 안겨 옵니다. 한 권 한 권 책을 고르는 사이에 저도 모르게 터득한 책 고르기의 안목이 그것이지요. 좋은 책을 고르는 안목이란 단번에 목돈 들인다 하여도 결코 배울 수도 없는, 지식을 뛰어넘는 지혜라는 점에서 그 묵직한 가치를 느낄 수 있습니다.

유아들에게도 과연 책 고르기의 안목이 생길 수 있을까 의심스러

위하는 분들에게 여담 하나 풀어 놓겠습니다. 딸아이 어린이집에서는 일주일에 두 권씩 그림책을 빌려주는 프로그램을 진행합니다. 자연관찰 그림책을 유난히 좋아하는 딸아이는 D라는 자연관찰 전집을 몇 달에 걸쳐 빌려오는 중이었지요. 그런데 녀석이 좋아라 빌려오는 책이라는 것이 글과 그림, 편집력 모두가 참으로 부실해서 제 눈에는 썩 탐탁지 않은 책이었습니다. 그래도 저 좋다고 빌려오는 것을 야박하게 말릴 수도 없는 노릇이라 지켜보고만 있었지요. 모르긴 해도 그 책 한 질을 얼추 다 읽을 무렵인 듯합니다. 책장을 넘기던 딸아이가 기특하게 이런 소리를 하더군요.

"엄마, 아무래도 이 책은 빌리지 말아야겠어. 글하고 그림이 맞지를 않아."

그 책의 문제점을 콕 집어내며 나름 입바른 소리를 하고 있는 딸아이, 녀석에게도 책을 보는 나름의 비판적 안목이 고물고물 생기고 있음을 확인하는 순간이었습니다. 그동안 도서관이며 서점을 넘나들며 제 취향껏 책을 빌리고 사면서 겪었던 수많은 시행착오의 과정들이 비로소 콩알만한 열매를 맺기 시작한 것이라 할 수 있는 대목이지요.

책나들이의 예상치 못한 선물은 이것이 끝이 아닙니다. 온라인과 오프라인을 넘나들며 아이는 스스로의 생각으로 책을 골라 담는 경험을 쌓게 됩니다. 즉 그림책 한 권을 구입한다는 작고 사소한 일이지만 아이는 매번 자기 주도적인 의사결정을 할 수 있습니다. 더불어 부모로부터 의견을 존중받는다는 경험으로 아이의 자존감까지 단단해진다면, 책나들이란 돌 하나로 새 열 마리를 잡는 일이라 할 만하지 않겠습니까?

어떠세요? 날씨 좋다는 이번 주말 아이의 손을 잡고 책나들이를 나서 보는 것은요?

★도서관 나들이를 더욱 즐겁게 만드는 그림책

《도서관》/ 사라 스튜어트 글 · 그림

《도서관에서 처음 책을 빌렸어요》/ 알렉산더 스테들러 글 · 그림

《책이 정말 좋아》/ 주디 시라 글 · 마크 브라운 그림

《도서관 생쥐》/ 다니엘 커크 글 · 그림

28 꼭 가르치자, 도서관 이용수칙!

책나들이에 앞서 반드시 선행되어야 할 것은 아이에게 도서관 이용수칙을 알려주는 것입니다. 이제 막 사회생활을 시작하는 아이들에게 공공장소에서의 예절을 지키는 것은 몇 권의 그림책을 읽는 것보다 더욱 중요한 일이라는 사실을 결코 잊어서는 곤란하겠지요.

물론 지나치게 큰 소리로 떠들어서도 안 되며 뛰어다녀서도 곤란하다는 규칙을 수십 번 제시해 주어도 금방 잊어버리고 동당동당 뛰어다니는 것이 아이들입니다. 그렇다고는 하더라도 공공예절에 대한 사전 교육을 꾸준히 받고 책나들이에 나서는 아이와 그렇지 못한 아이의 행동이 마냥 똑같을 수는 없을 것입니다.

일부 부모들 중에는 아이가 말귀를 알아들을 만큼 더 자라면 가르쳐 주겠노라며 별 다른 가르침 없이 아이를 풀어놓는 경우가 있습니다. 그러나 지금까지 어떠한 제재도 받지 않던 행동에 대해 어느 날 갑자기 제재를 가한다면 아이 입장에서는 어리둥절하겠지요.

이해할 리 만무입니다. 당장에 아이의 행동으로 수용이 되든 그렇지 않든 처음부터 일관성 있는 교육은 반드시 필요합니다.

사실 도서관에서의 공공예절은 아이보다 부모의 문제인 경우가 대다수입니다. 공공예절에 대한 마인드 없는 부모가 예절 모르는 아이를 만든다고 한다면 지나친 단정일까요? 도서관 이용수칙을 잘 지키는 부모의 행동은 열 마디 말보다 앞서는 산 교육이 될 것임이 분명합니다.

그림책 읽어주는 엄마들이 이야기하는, 꼭 지켰으면 하는 도서관 이용 매너입니다. 아이보다 부모의 문제를 지적하는 대답들이 월등했다는 데서도 부모가 보여주는 태도의 중요성을 알 수 있습니다.

하나. 구연동화는 집에서 하자.
　다른 사람은 안중에도 없이 큰 소리로 책을 읽어주는 행동
둘. 도서관은 놀이터가 아니다.
　놀이터인 양 치뛰고 내리뛰는 아이, 한옆에서 수다 떨고 있는 엄마
셋. 읽은 책은 제자리에 꽂아두자.
　아이에게 책 읽어준 후, 그 자리에 고스란히 두고 가는 엄마
넷. 책을 쌓아놓고 읽어주지 말자.
　쌓아놓은 책들 중 다른 아이가 읽어 보고픈 책도 있다는 사실
다섯. 책의 소중함부터 가르치자.
　도서관의 책은 모두의 것. 깨끗하게 보도록 가르치는 것이 우선

★도서관 예절을 배울 수 있는 그림책

《도서관에 개구리를 데려갔어요》/ 에릭 킴멜 글 · 블랜치 심스 그림

《도서관에 간 사자》/ 미셸 누드슨 글 · 케빈 호크스 그림

29 당근요법의 사용법

아이마다의 생김새가 다르고 성격이 다르듯이, 책을 읽는 방식도 참으로 다양합니다. 오며가며 한 권 두 권 꺼내 읽는 아이들이 있는 가 하면, 정해진 시간에 자리잡고 앉아 읽는 아이들도 있으며, 잠자 기 전에만 읽겠노라는 아이들도 있습니다.

책읽는 방식이야 어떠하든 중요한 것은 책을 읽겠다고 나서는 녀 석들은 이미 책이 주는 즐거움을 깨달았다는 사실이겠지요. 유아기 란 책의 즐거움을 깨닫고 평생 친구로서 관계맺음을 시작하는 시 기라고 했을 때, 이들 아이들은 그림책 육아의 목적에 어느 정도 와 닿았다고 할 수 있겠습니다.

그림책을 좋아하지 않는 아이는 없다는 것이 저의 두터운 지론이 긴 합니다마는, 모든 아이들이 그림책의 재미에 같은 속도로 빠져 드는 것은 분명 아닙니다. 부모의 노력치가 동일하다고 했을 때, 상 대적으로 수월하게 빠른 속도로 깨닫는 아이가 있는 반면, 깨닫기까지 꽤나 많은 시간과 노력을 기울여야 하는 아이도 있지요. 전자와 같은 유형의 아이들은 읽어 달라는 아이의 요구에 충실히 부응해주기만 해도 책읽기를 진행해 나가는데 큰 어려움이 없습니다. 그러나 후자에 해당하는 유형의 아이들은 아이의 관심을 그림책으로 끌기 위한 부모의 노력이 보다 적극적으로 뒷받침되어야 할 테지요.

하지만 싫다는 아이를 억지로 앉혀 두고 책을 읽힐 수야 없는 노릇이라는 것이 부모가 당면한 가장 큰 난제일 것입니다. 그림책보다는 다른 놀이가 훨씬 더 재미있다고 하니, 녀석의 시선을 그림책으로 끌어들이기까지가 참으로 어려운 것이죠. 다른 놀이 다 젖혀 두고 책만 읽으라며 욕심을 부리는 것도 아닌데, 저 좋아하는 그림책 몇 권에만 정을 붙일 뿐 도무지 책이라면 시큰둥 딴청을 부리는 아이를 어찌하면 좋을까 부모는 고민합니다.

아이가 좋아할 만한 책도 사줘 보고, 재미나게 읽어주려고도 노력을 해도 별 효험이 없었다면, 이쯤에서는 군침 도는 보상으로 아이의 책읽기를 유도하는 당근요법을 써보기를 권해 봅니다.

목표치를 세워라

우선 50권이든 100권이든 이 정도는 읽고야 말겠다는 나름의 목표 권수를 세웁니다. 이때 중요한 것은 목표량을 설정하는 데 있어 반드시 아이의 의견을 구하는 것입니다. 이맘때의 아이들이 양에 대한 정확한 개념을 가지고 있지 못한 까닭에 똑 떨어지는 의견을 이해하고 내놓기는 어렵겠지만, 스스로 목표를 세우고 실천하고자 한다는 점에서 아이의 참여는 무엇보다 중요하다 할 것입니다.

또 한 가지, 여기에서도 부모의 과도한 욕심은 금물입니다. 지나치게 높은 목표치를 세워 놓으면 중간에서 포기할 수도 있으니, 아이의 평소 독서량을 고려하여 적절한 선에서 맞추는 것이 좋겠지요.

보상을 제시하라

도전의식을 불태우려면 그에 상응하는 적절한 보상이 주어질 차례입니다. 목표치를 채웠을 경우, 네가 원하는 것을 들어주겠다는 굳은 약속을 찰떡같이 해 주는 것이지요. 아이가 평소 눈독을 들이던 물건, 그러나 이런저런 이유로 사 주지 않았던 물건을 보상으로 제시해 준다면 책읽기에 대한 동기 유발로서 충분할 것입니다. 목표의식이 분명해졌으니 좀 전까지도 그림책과는 담을 쌓겠노라던 녀석, 책을 읽겠다며 달려들 것은 분명합니다.

당근요법의 장점

그러나 물질적인 대가를 앞세워 책을 읽히겠다는 당근요법이 썩 탐탁지 않다는 분들도 계십니다. 책읽기란 대가를 바라서 행해야 하는 일이 아니라는 점에서 더욱 맘이 동하지 않는다고도 합니다.

그럼에도 불구하고 이 방법의 장점은 의외로 많습니다. 가장 직접적이고도 중요한 이유는, 목표를 달성하기 위해 책을 읽어나가는 과정에서 저도 모르는 사이에 책읽기의 즐거움을 깨우칠 수 있게 된다는 점입니다. 시작 동기야 살짝 불순하더라도 그 과정에서 얻게 되는 열매에 아이에게 반드시 필요한 영양소가 듬뿍 들어 있다면 요령껏 써먹어도 좋을 만한 방법이라는 것이지요.

또한 스스로 세운 목표를 향해 열심히 노력할 수 있는 기회가 된다는 점도 빼놓을 수 없는 장점입니다. 스스로 목표를 세우고 그 목표를 향해 열심히 노력하는 자세란 아이의 긴 인생에서 필히 배워두어야 할 사항이라고 했을 때, 이와 같은 당근요법은 그림책 육아의 차원을 넘어서는 배움의 계기가 될 수도 있다는 것입니다. 단 앞서 말씀 드린 대로 처음부터 지나치게 버거운 목표치를 세워 중간에 포기하지 않도록 하는 부모의 배려는 두 번 세 번 잊지 말아야 합니다.

마지막으로, 노력 끝에 목표치에 도달한다면 그때 맛보게 되는 즐거움은 엄마가 제공해 줄 수 있는 그 어떤 훌륭한 대가보다도 달콤할 것이라는 사실입니다. 스스로가 자랑스럽기도 하고 뿌듯하기도 할 터이니 대가의 여부를 떠나 다시 한 번 더 도전해 보겠다는 소리가 아이 입에서 먼저 튀어나올 수도 있는 것이지요. 때문에 보상의 수위만 잘 조절한다면 꽤나 쏠쏠하게 써먹을 수 있는 방법이 당근요법이라 할 수 있습니다.

책맛을 깨우치기까지는 누구든 시간을 필요로 합니다. 그러나 한 번 맛을 들이게 되면 이후 보상이 따르든 그렇지 않든 아이는 책을 읽을 것입니다. 뭉근하게 지펴 오는 불길이 새벽녘까지 방바닥을 데우듯이, 오래 두고 먹어도 물리지 않는 은근한 맛을 지닌 책이 아이를 휘어잡을 테니까요. 그게 바로 책이 지닌 뿌리칠 수 없는 매력이 아니던가요?

추신 당근요법은 아이가 책을 읽고자 하는 동기 유발이 된다는 점에서 책읽기에 대한 전반적인 접근뿐 아니라, 세부적인 접근에도 유용하게 활용할 수 있습니다. 책을 읽기는 읽되 일부 영역에만 편중하여 읽는, 소위 아이의 책 편식을 해소하는 데에도 효과를 발휘할 수 있다는 것이지요. 예를 들어 자연관찰과 같은 지식정보책들은 열렬히 좋아하나 창작동화류의 책을 싫어하는 아이라면 창작동화에 대한 당근을 제시해 주는 것입니다. 즉 자주 접해서 친해지게 만드는 기회를 만들어야 하는 상황이라면 언제든지 당근요법을 충실히 써먹을 수 있다는 뜻입니다.

30 그림책의 그림도 읽어야 제 맛이다

나카가와 모토코는 그녀의 저서 《그림책은 작은 미술관》에서 그림책을 읽을 때 줄거리만 읽고 해석할 게 아니라 그림 읽는 법도 깨쳐야 한다고 주장하고 있습니다. 이 책의 추천사를 쓴 동화작가 이호백 씨는 프랑스의 그림책 편집자인 크리스티앙 브뤼엘(Christian Bruel)의 말을 인용하고 있는데, 그의 말은 그림책의 그림 읽는 법에 대해 생각해 볼거리를 제공해 주고 있어 발췌해 봅니다.

> "그림책을 읽는다는 것은 이야기를 포함한 이미지들을 읽는 것만이 아니라, 그림과 그림 사이를 읽는다는 것이다. 읽는다는 것은 그냥 예쁘다는 것과 잘 그렸다는 유치한 미학을 넘어서 읽는 것이고, 검정과 하양을 읽는 것이고, 절단 난 페이지들을 읽는 것이고, 그 페이지의 구성을 읽는 것이다. 리듬을 읽는 것이고, 그림과 글을 한 음절씩 읽는 것이고, 펼침 페이지 안에서 이 둘의 상대적 관련성을 읽는 것이다. 이런 일들은 총체적 감각으로

모든 요소들을 해석하고 이해하는 시선을 가져야만 이루어지고, 부분으로 흐트러지지 않고 전체에 집중하는 능력을 길러야만 이루어진다."

　어른들은 몰랐던 그림의 구석구석을 꼼꼼히 뜯어보고 이러쿵저러쿵 이야기를 쏟아놓는 아이들과 마주치는 것은 특별한 경험이 아닙니다. 그림책을 읽어주다 보면 아이들의 편견 없는 예민한 시각에 혀를 내두르는 깃도 한두 번이 아니지요. 하지만 단순히 그림을 '보는' 차원이 아닌 '읽는' 차원으로까지 옮아가기 위해서는 그림책을 읽어주는 어른의 역할이 절대적으로 필요합니다. 그러나 대개의 어른들은 줄거리를 읽어주는 것에는 열중했으되 그림을 읽어주려는 데에는 소홀히 해온 것이 사실입니다. 글자를 읽는 것과 마찬가지로 그림 또한 읽는 연습이 필요하다는 사실을 간과했다고 할까요? 그렇다면 우리 아이들이 그림책의 그림을 제대로 읽게 하기 위해 해줄 수 있는 부모의 역할에는 어떤 것이 있을지 알아보도록 하겠습니다.

줄거리에서 벗어나 그림도 보기
　대개의 어른들은 글자를 바탕으로 한 줄거리 따라가기에 초점을 맞추어 그림책을 읽어주는 경우가 많습니다. 그러다보니 그림에 대한 이해는 전적으로 아이의 몫으로 남겨질 수밖에 없는 것이지요. 물론 아이들이 그림책을 향유하는 가장 올바른 방법이란 어른들이 읽어주는 이야기를 귀로 들으며 눈으로는 여유롭게 그림을 훑어가는 것이라는 사실은 틀림이 없습니다. 때문에 줄거리 중심으로 읽어주는 지금까지의 방법이 결코 틀렸다고 할 수는 없습니다. 그러나 배경지식이 적은 아이들이 그림에 담긴 이야기를 스스로 읽고 이해해 내기란 분명히 한계가 있을 수밖에 없습니다. 아이들이 그림책을 폭넓게 이해하기 위해서는 그림 읽기를 도와주는 부모의 역할이 반드시 필요하다는 뜻이 되는 것이지요. 일례로 앤서니 브라운의 그림책에서는 그림이 지닌 상징과 은유가 상당합니다. 그것을 제대로 알아차리지 못한 채 글자만 줄줄 읽어 내려가는 것은 그림책의 맛을 반 토막 내는 것과 다름이 없습니다. 그럼에도 그것에 대한 이해는 아이의 몫으로 남겨지는 경우가 흔한 것이 현실입니다.

대개의 부모들은 줄거리에 초점을 맞추어 글자를 읽어내려 가노라면, 미처 그림을 읽어줄 틈이 없다고 말합니다. 그림에 대한 이야기를 하기 위해서는 별 수 없이 이야기의 맥을 끊어야 한다는 어려움이 있다는 것입니다. 그것은 오히려 그림책 읽기를 방해하는 것이 아니냐고도 하십니다.

하지만 그림책이란 글과 그림이 정교하게 엮여 있는 장르입니다. 하나만 읽고 나머지 하나를 빼먹는 것은 제대로 읽었다 할 수 없는 것이지요. 게다가 그림책은 한두 번 읽고 마는 책이 아닌, 여러 번에 걸쳐 반복해서 읽어주는 책입니다. 이 말은 매번 한 글자라도 빠뜨릴세라 줄거리 중심으로 읽어줄 필요는 없다는 뜻입니다. 줄거리를 중심으로 읽어줄 때가 있다면, 그림에 초점을 맞추어 읽어줄 수

174

도 있다는 것이지요. 예를 들어 앞선 읽어주기에서 줄거리를 중심으로 했다면, 다음번에는 주인공의 표정에 초점을 맞추어 그림 읽기를 할 수도 있습니다. 그 다음번에 읽을 때에는 주인공이 아닌 다른 등장인물의 행동에 초점을 맞출 수도 있다는 것입니다. 이렇게 읽는 그림책은 읽을 때마다 참으로 새로울 뿐만 아니라 줄거리만 읽을 적에는 몰랐던 새로운 사실을 알아차릴 수도 있습니다. 31가지 맛의 즐거움을 느끼는 것은 아이스크림뿐만이 아닙니다. 한 권의 그림책에서도 그 즐거움은 가지가지이니 하나라도 놓치면 아쉽지 않겠습니까?

'그림책을 읽는다'는 말을 곧 '문자를 이해한다'는 뜻으로 이해해서는 제대로 그림책을 읽었다 말하기 곤란합니다. 무엇보다 글에 얽매여 있는 마음을 그림에게도 열어 보세요. 그것이 바로 그림책의 그림 읽어주기의 출발점이라 할 수 있습니다.

그림책의 구석구석 꼼꼼히 보기

그림책의 그림은 천천히 읽어야 합니다. 음식의 제 맛을 알아차리려면 눈으로 보고 냄새를 맡고 입에 넣어 그 질감을 느끼며 꼭꼭 씹어야만 하는 것처럼, 그림책 또한 그림 구석구석 천천히 읽을 때라야 비로소 제대로 읽었다 할 수 있습니다.

그림책은 앞표지에서 뒤표지까지 어디 하나 버릴 것이 없습니다. 덜렁 제목만 읽은 후 바로 본문으로 들어가는 것은 잘 차려진 음식을 눈과 코로 감상할 겨를 없이 숟가락부터 들이대는 것과 다를 바가 없지요. 뒤표지를 읽는 것은 앞표지에 비해 더욱 소홀해지기 마련입니다. 그러나 뒤표지를 읽지 않고 가볍게 닫아버리는 것은 후식의 즐거움을 맛보지 않는 것과 같습니다. 게다가 그 후식이 앞선 식사의 맛을 더욱 풍성하게 살려주는 중요한 역할까지 한다면 그것을 간과하고서는 그림책을 제대로 읽었다 할 수 없습니다.

예를 들어 시마다 유카의《바무와 게로의 하늘 여행》에서 뒤표지를 꼼꼼히 보지 않는다면 이 책의 배꼽 빠지는 재미 하나를 놓치게 됩니다. 피터 시스의《갈릴레오 갈릴레이》는 앞면지와 뒷면지를 놓치지 않고 살펴보아야 하는 그림책 중 하나입니다. 얼핏 보면 비슷해 보이는 두 그림이지만, 앞면지에는 밤하늘의 별을 관찰하는 갈릴레오를, 뒷면지에는 현대의 어느 도시에서 그 옛날의 갈릴레오가 그랬던 것처럼 밤하늘의 별을 관찰하는 누군가를 그려놓았습니다. 작가는 갈릴레오의 용기와 노력이 오늘날까지도 이어지고 있음을 앞뒤 면지를 통해서도 보여주고 있는 것이지요.

본문의 경우도 마찬가지입니다. 글자에 치중하여 그림의 구석구석을 몰라주는 것은 제대로 씹지 않고 삼키는 음식에 비유할 수 있습니다. 글자와 그림에 대한 편견이 없는 아이들인지라 그림을 뜯어보는 능력이 어른들에 비해 탁월하기는 합니다. 그러나 모든 아이들이 동일한 관찰력을 가지고 있는 것은 아닌 까닭에, 이 또한 천천히 읽는 연습이 필요합니다. 만약 그림 구석구석을 뜯어보는 재미가 탁월한 그림책임에도 우리 아이가 별 반응을 보이지 않는다면,

녀석은 그림을 보는 재미를 모르고 있는 것이 아닌가를 의심해 볼 만합니다. 그림을 천천히 읽으며 그 속에 담긴 이야기를 끌어내어 보는 읽기법을 통해 아이 또한 꼼꼼한 시각을 갖출 수 있게 되며 그를 통해 그림책의 즐거움은 더욱 커질 수 있습니다.

그림에 사용된 다양한 기법 이야기해 주기

그림책은 다양한 기법으로 그려진 그림들의 전시상이라고 할 수 있습니다. 미술관에 전시된 그림에서 볼 수 있는 표현 기법들을 그림책에서도 맛볼 수 있다는 말은 딱히 과장이라 할 수는 없을 것입니다. 이와 관련하여 성균관 대학교 아동학과 현은자 교수는 그의 저서《그림책과 예술교육》을 통해 그림책에서 아이들을 위한 독특한 형식이란 따로 존재하지 않는다고 했습니다. 오히려 그림작가들의 작업은 현대 회화의 사조와 매우 밀접한 관계가 있음을 알 수 있다고 했지요.

그림책에 사용된 다양한 기법에 대한 이해는 그림책을 보다 폭넓게 이해할 수 있다는 측면에서 그리고 더 나아가 예술적 안목을 기를 수 있다는 점에서 결코 등한시할 수 없는 부분입니다. 콜라주, 스탬핑, 판화, 스크래치, 사진 등 작가에 의해 선택된 갖가지 표현 기법들을 읽음으로써 아이들은 그림책의 독특한 표현 세계를 이해할 수 있으니까요. 물론 아직 어린 유아들에게 그와 같은 표현 기법이 갖는 의의까지 나아가는 것은 욕심입니다. 그러나 어떤 표현 기법을 사용했는지에 관한 이야기만으로도 그림을 보는 아이의 안목이 달라질 것은 틀림없지요.

예를 들어 로렌 차일드의 그림책을 보면서 콜라주 기법에 대한 이야기를 해 줄 수 있습니다. 콜라주 기법에 대한 간단한 설명과 함께, 어떤 것이 사진이고 어떤 것이 그림인지를 찾아보는 놀이를 할 수도 있습니다. 숨은그림찾기라도 하는 듯한 재미에 아이들의 반응은 유쾌합니다. 물론 그 과정에서 콜라주라는 기법에 대한 지식을 자연스럽게 쌓을 수 있게 되는 것이지요. 보다 확장을 해 본다면 콜라주 기법으로 그려진 다른 그림책을 찾아보는 놀이, 더 나아가 직접 콜라주를 해 봄으로써 체득하는 독후활동으로도 연계할 수 있습니다.

이처럼 그림에 사용된 표현 기법을 짚어주기 위해서는 그림에 대한 부모의 이해가 선행되어야 합니다. 그림에는 도통 문외한인 까닭에 아이에게 적절한 설명을 해 주기 어렵다면, 온라인 서점의 책 소개 코너를 활용해 보는 방법도 괜찮습니다. 대개의 경우 그림작가에 대한 짤막한 설명과 더불어 해당 그림책에 사용된 표현기법에 대해 간단하게 언급을 해놓은 까닭에, 아쉬운 대로 아이에게 이야기해 줄 만합니다.

아이에게 그림의 표현 기법을 이야기해 주는 일, 결코 전문적인 식견을 요하는 일이 아닙니다. 그림책을 읽어주기 전 해당 책에 대한 정보를 읽어보는 가벼운 노력만 기울인다면 말이지요. 잊지 마세요, 작은 노력이 아이의 안목을 업그레이드시켜 준다는 사실을.

그림작가를 통해 그림 읽기

그림책을 많이 읽다보면 동일한 그림작가의 화풍을 깨우치는 순간이 옵니다. 그림만 척 보고도 이건 누구의 그림이라는 것을 알아맞히는 것이지요. 때로는 이 작가의 그림은 이래서 좋다는 둥, 저 작가의 그림은 저래서 싫다는 둥 어린 눈에도 나름의 취향을 분명히 밝히는 것이 여간 잔망스럽지 않습니다.

딸아이 네 살 무렵이었던가요? 호리우치 세이이치의 《구룬파 유치원》이라는 그림책을 읽어주는데 절레절레 싫다는 것이었습니다. 그 이유를 물었더니 녀석 왈, "그림이 너무 지저분해서 싫어"라는군요. 지저분하다는 말이 정확히 무엇을 의미하는지는 잘 모르겠으나 어쨌든 녀석은 지금까지도 이 책을 소 닭 보듯 하고 있습니다. 그림을 보는 나름의 취향과 관점을 네 살배기도 가지고 있으며, 그것이 아이의 책 선택에 영향을 미치고 있음을 알 수 있다는 것입니다.

딸아이에게 새로운 그림책을 읽어줄 때 퀴즈 내기를 즐기는 저입니다.

"이 그림, 어디서 많이 본 것 같지 않아? 어디서 봤을까?"

작가에 대한 정보를 미리 주지 않은 상태에서 그림만 보고 해당 작가의 또 다른 작품을 찾아들고 올 수 있도록 유도를 하는 것입니다.

"나, 알아!"

자신 있게 외쳐대며 단빅에 찾아들고 오는 경우도 있고, 갸우뚱 잘 모르겠다고 할 때도 있습니다. 그럴 때는 적절한 힌트를 제공해 줍니다.

"우르릉 쾅쾅 천둥이 치는 날 맛난 케이크 만들어 먹기!"

"아하, 패트리샤 폴라코!"

쪼르륵 달려가《천둥 케이크》를 들고 옵니다.

"그러고 보니까 그림이 닮았어요."

"그럼, 오늘은 패트리샤 폴라코의 그림책을 묶어서 읽어 볼까?"

이처럼 그림책을 읽어줄 때는 어느 작가의 작품인지부터 이야기 해 주는 것을 빼먹어서는 곤란합니다. 작가에 대한 언급 없이 제목 읽고 바로 본문으로 들어가는 경우, 읽기는 읽되 작가와 그림책의 관계에 대해서는 별 생각이 없을 수밖에요. 그러나 작가에 대한 이 해는 작품에 대한 이해로까지 나아갈 수 있음을 볼 때, 작가를 짚어 주고 넘어가는 것은 반드시 필요한 절차라 할 수 있습니다.

작가에 대한 이해를 더욱 다져 보자면 동일한 그림작가의 그림책 을 모아서 읽어 보는 것도 재밌습니다. 한자리에 놓고 비교해 가며 읽다 보면 그 작가의 특징이 한눈에 들어오기도 하며 때로는 그 작 가의 그림이 어떤 변화를 겪고 있는지도 살펴볼 수 있으니까요. 예 를 들어 로렌 차일드의 그림책을 모아서 읽어 본 아이라면 작가가 콜라주라는 기법을 상당히 즐겨 사용한다는 사실을 알게 됩니다. 권윤덕의 그림책을 모아 읽은 아이라면 작가의 그림체가 참으로 다 양하다는 것을 깨닫게 되는 것이지요.

그에 따르는 덤도 있습니다. 어느 작가의 그림책은 앞뒤 잴 것 없 이 좋아하는 아이, 또는 어느 작가의 그림이라면 뒤도 안 돌아보고 싫어하는 아이를 보면서 그림에 대한 아이의 취향까지 알 수 있게 마련입니다. 이것은 녀석의 입맛에 맞는 책을 골라주는 나름의 기준으로 요긴하게 삼을 수도 있습니다.

그림책을 읽어줄 때, 작가에 관한 이야기도 잊지 마세요. 그가 건네주는 이야기가 그림책을 더욱 풍성하게 만들어 줄 테니까요.

★그림책의 그림을 이해하는 데 도움 받을 수 있는 책

《그림책은 작은 미술관》 / 나카가와 모토코, 주니어김영사

《그림책의 그림 읽기》 / 현은자 외, 마루벌

《똑!똑!똑! 그림책》 / 김이산, 현암사

31 동시 그림책, 어떻게 즐길까?

    언어의 기초가 발달하는 두 돌 이전의 영아들이 운율 있는 글을 상당히 즐거워한다는 사실은 새로울 것 없는 사실입니다. 녀석들은 의성어를 흉내 내기도 하고 책 옹알이를 하며 노래를 들려주면 재잘대고 즐거워하는데요, 이러한 까닭으로 영아기의 아이들을 겨냥한 그림책들이 짧고 반복적이며 의성어와 의태어가 풍부하고 운율이 있는, 마치 시(詩)와 같은 문장으로 구성되어 있는 경우가 많은 것이지요.

    이것은 비단 영아기에만 해당하지는 않습니다. 영유아기를 통틀어서 동시와 동요처럼 운율이 있는 글을 많이 접하게 해 주는 것은 우리말의 아름다움을 경험할 수 있는 좋은 기회가 될 뿐만 아니라, 아이들의 감성 계발에도 도움이 된다는 것은 군말이 필요 없는 사실입니다.

동시 그림책, 어떻게 선택할까?

동시 그림책은 여러 편의 동시를 한 권으로 묶어 놓거나 또는 한 편의 동시로 한 권의 그림책을 만든 두 가지 형태로 출판되는 것이 일반적입니다. 동시묶음 그림책은 한 페이지에 동시 한 편과 시를 뒷받침하는 시화(詩畵)로서의 역할을 하는 그림으로 구성되어 있습니다. 상대적으로 그림보다는 시의 비중이 높은 까닭에, 동시 자체에 몰입하기에 적절한 형태라고 할 수 있습니다. 반면 한 편의 동시로 그림책 한 권을 만든 경우는 동시가 토막토막 나뉘어 장면을 형성하는 까닭에, 한 편의 동시를 단번에 읽을 때와 같은 운율감은 사라집니다. 그러나 그림은 시의 행간에 담겨 있는 이야기를 적극 끌고 나와 보여줌으로써 동시로서의 재미는 반감되더라도 그림을 읽는 재미는 보다 쏠쏠해진다고 할 수 있지요.

운율감 있는 글에 대한 반응이 뜨거운 아이가 있습니다. 딱히 동시 그림책이 아니라 하더라도 말재미나 운율이 있는 글을 유난히 즐거워하는 아이라면 동시묶음 그림책을 넣어줘도 전혀 무리가 없을 것입니다. 앉은자리에서 40~50수에 달하는 동시를 죄 읽어 달라 졸라댈 터이니 마음의 준비를 단단히 할 것은 오히려 읽어주는 부모겠지요. 이러한 아이에게는 두 가지 형태의 동시 그림책 모두 환영받을 수 있습니다. 좀 더 욕심을 부린다면 부모는 아이의 책 입맛을 맞춰주기 위해 좋은 동시 그림책 정보에 더욱 눈을 반짝여야 합니다.

그러나 우리 아이가 말재미나 운율감 있는 글에 대한 반응이 그다지 신통치 않다면 처음부터 동시묶음 그림책을 넣어주는 것은 무리가 따릅니다. 한두 편 읽어주기 무섭게 자리 털고 가버리는 아이에게 40~50수 정도의 동시들을 한 번씩이라도 읽어주기까지 참으로 요원할 수도 있거든요. 그럴 때는 동시 한 편으로 된 그림책을 선택하시는 것이 좋습니다. 짤막한 길이가 읽기에 부담스럽지 않으며, 시를 바탕으로 한 그림 속 이야기를 읽는 즐거움은 녀석의 엉덩이를 붙들어 매놓을 수 있으니까요.

동시 그림책, 어떻게 활용할까?

동시에 그다지 매력을 느끼지 못하는 아이라고 하여 동시묶음 그림책이 전혀 필요하지 않은 것은 아닙니다. 동시묶음 그림책의 유용성이란 아이의 호불호를 떠나 부모가 그것을 어떻게 활용하느냐에 따라 결정되는 것이니까요.

지금은 딸아이가 자신이 쓴 동시를 떨어질 날 없이 집 안에 붙여놓고 있습니다마는, 녀석이 더 어릴 적에는 여러 작가들의 동시를 붙여놓기를 즐겨했던 저였습니다. 동시묶음 그림책에서 한 수씩 뽑아 그림까지 그려 넣어(그림책에서 그림도 베낄 수 있으니 동시 그림책, 이 얼마나 좋습니까?) 벽에 붙여놓는 것이지요. 오며가며 또는 아이와 함께 뒹굴거리다가도 눈에 띄면 흥얼흥얼 읊어줍니다.

게다가 동시는 입에 착착 붙은 운율에 길이 또한 짤막짤막하니 엄마가 외우기에도 수월합니다. 아이의 일상 중 마침 그 상황에 적

절히 떠오르는 동시가 있으면 또한 쓱 읊어주는 것이지요. 예를 들어 또래끼리 키를 재보는 상황이라면,

> 누구 키가 더 큰가 / 어디 한번 대 보자.
> 올라서면 안 된다 / 발을 들면 안 된다.
> 똑같구나 똑같애 / 내일 다시 대보자.
>
> — '키 대 보기', 윤석중

가랑비가 부슬부슬 내리는 날이라면,

> 텃밭에 가랑비가 가랑가랑 내립니다.
> 빗속에 가랑파가 가랑가랑 자랍니다.
> 가랑파 가꾸는 울 엄마 손 가랑가랑 젖습니다.
>
> — '가랑비', 정완영

노래 부르듯 읊어줍니다. 아이들이 얼마나 귀담아 듣는지는 모르겠으나, 오며가며 생활처럼 동시를 마주치다 보면 어느 순간 녀석들의 감성을 촉촉이 적셔오는 가랑비 역할을 충분히 하지 않겠습니까?

마지막으로 하나 더, 동시는 곡을 붙여 동요로 불리는 경우가 많습니다. 즉 동요를 많이 들려주는 것은 동시를 들려주는 것과 크게 다를 바가 없다는 뜻이지요. 제 경험상 동요로만 제작되어 판매되는 CD보다 동요 그림책에 포함된 동요 CD가 여러모로 나은 경우

가 더 많더군요. 동요를 들려주는 가장 좋은 방법은 부모의 목소리로 흥얼흥얼 불러주는 것이겠지만, 집 안에서든 이동할 때든 많이 들려주는 것만으로도 아이의 시적 감수성은 무럭무럭 자라날 수 있습니다.

동시 쓰기, 어떻게 시작할까?

이렇게 동시를 접하다 보면 아이 입에서 나오는 말이 저절로 동시가 될 때가 있습니다. (엄밀히 말하면, 아이들이 하는 말이란 그 자체가 동시일 때가 얼마나 많던가요?) 저는 딸아이가 툭툭 던져놓은 말들을 기록하여 벽에 붙여 놓거나, 아이가 그런 말을 할 때마다 칭찬을 아끼지 않았습니다.

"이야, 우리 채윤이가 재밌는 동시를 읊었구나."

라고 하여, 딸이이가 멋도 모르고 한 말이 동시일 수 있다는 사실을 상기시켜 주었지요.

〈귤〉

엄마 입에
쏙
아빠 입에
쏙
남은 건

내가 먹지
냠냠냠

딸아이가 네 살 때 읊은 동시입니다. 귤을 까먹다 말고 노래 부르
듯 중얼거리기에 얼른 받아 적은 후, 제 목소리로 다시 한 번 읊어
주었습니다. 더불어 네가 지금 동시 한 편을 썼음을 칭찬 곁들여 일
러 주었습니다. 이런 상황이 여러 번 반복되자 딸아이는 무슨 생각
만 났다 싶으면 받아 적으라고 졸라대거나, 또는 스스로 적어놓고
시를 썼노라며 자랑스럽게 보여주기도 합니다. 동시를 쓴다는 것에
대한 개념을 조금씩 갖춰나가기 시작했다고 볼 수 있겠지요.

아이가 하는 말을 조금만 주의 깊게 들어보면 녀석들이 얼마나
훌륭한 시인인지 감탄하게 됩니다. 사탕을 먹다가도, 민들레 홀씨
를 후후 불다가도, 볼에 떨어지는 빗방울을 훔치다가도 툭툭 던져
놓는 말이 그대로 동시가 됩니다. 그것을 놓치지 않고 기록하는 것,
그리고 그 사실을 아이에게 환기시키는 것부터 동시 쓰기는 시작된
다고 볼 수 있습니다.

한 가지 더, 좋은 동시는 관찰력과 감수성에 비롯됩니다. 감수성
풍부한 눈으로 대상을 온몸으로 경험하고 관찰했을 때, 비로소 툭
하고 튀어나오는 것이 동시지요. 감수성을 키울 수 있는 가장 좋은
방법은 자연 속에서 아이를 키우는 것입니다. 그게 어렵다면 되도
록 자연을 접할 기회를 많이 만들어 줌으로써 아이의 보들보들한
감수성을 계발시킬 수 있다 하겠습니다.

딸아이의 예를 또 한 번 들어 보겠습니다. 제가 일을 하는 동안 시골 외갓집에서 하루를 보내는 딸아이는 배려 깊은 외할머니와 함께 주변의 온갖 자연물들과 호흡할 기회가 많습니다. 철 따라 피는 다양한 꽃들을 구경하고, 딸기며 토마토며 포도를 맘 놓고 따먹을 수 있으니 자연은 곧 녀석의 놀이터인 것이지요. 그러다보니 외갓집 주변의 식물에 대해서는 어쩌면 저보다 더 많은 지식을 가지고 있는 것이 녀석입니다. 딸아이는 외갓집에서 노는 동안 유난히 이런 저런 동시를 많이 써 놓습니다. 특히 자연물과 진하게 호흡했을 때 녀석의 시는 생기가 돕니다. 그중 외할머니와 함께 강낭콩 껍질을 벗기다 말고 시상이 떠올랐다며 적어 놓은 동시 한 수를 소개해 드립니다.

〈 강낭콩 가족 〉

길쭉한 집 속엔
강낭콩 육남매

손이 톡톡 뛰어와
집을 툭 까니

콩콩 콩코콩
아이고 시원해

강낭콩을 까본 경험이 없는 아이라면 이렇게 생기발랄한 시를 쓸 수가 없을 것입니다. 아이에게든 어른에게든 자연물과 부대끼는 경험에서 오는 감수성과 관찰력이 없다면 좋은 시는 나오지 않음을 딸아이를 통해서 새삼 확인할 수 있습니다.

물론 이 모든 것보다도 더 근본적인 것은 동시를 많이 읽어주는 것임이야 두말할 나위가 없습니다. 동시를 들어 본 경험이 없는 아이에게 동시를 써 보라는 것은 코끼리를 한 번도 본 적이 없는 아이에게 코끼리 그림을 그려 보라는 것과 마찬가지일 테니까요. 코끼리를 많이 보고 구석구석 관찰해 본 아이가 멋진 코끼리 그림을 그리듯이 동시 또한 많이 들은 아이라야 멋진 동시를 읊을 수가 있겠지요.

동시를 읽어준다는 것은 아이의 언어와 감수성의 창고를 두둑하게 채워 놓는다는 의미입니다. 언어와 감수성의 풍성한 창고를 가진 아이는 보고, 듣고, 느끼는 일들과 누구보다 예민하게 그리고 감성적으로 마주설 줄 알게 되며, 곧이어 저도 모르게 단어를 고르고 다듬어 툭하고 꺼내 놓습니다. 그것이 곧 동시가 되는 것임은 분명하지요.

★추천, 운문 그림책 보따리

• 동시 그림책

《넉점반》/ 윤석중 시 · 이영경 그림

《초코파이 자전거》/ 신현림

《우리 아이 말 배울 때 들려주는 동시》/ 최재숙 외

《가랑비 가랑가랑 가랑파 가랑가랑》/ 정완영

《말놀이 동시집》/ 최승호

《침 튀기지 마세요》/ 박문희

《생각이 예뻐지는 동시》/ 정지용 외

• 동요 그림책

《나팔 불어요》/ CD 있음

《놀이 동요》/ CD 있음

《노래하고 춤추는 동요동화》/ VIDEO 있음

《퐁퐁 샘나는 놀이동요》/ CD 있음

《나처럼 해봐요 요렇게》/ CD 없음

32 독서 슬럼프에 대한 이해

그림책 육아를 진행해 나가다보면 주기적으로 슬럼프와 같은 시기가 찾아옵니다. 책을 잘 읽던 아이였음에도 어느 순간부터 책과 멀어지는 듯한 행동을 하기 시작하는 것이지요. 하루에 읽는 책의 권수나 책을 대하는 태도 모두 전과 같지 않고 매사 시들부들할 때, 부모는 슬금 걱정이 됩니다. 항상 책만 끼고 있을 수야 없다는 것을 모르는 바는 아니나, 이러다 영영 책과 멀어지는 것이 아닌지 긴장된다고도 합니다.

아이의 독서 슬럼프가 겪게 되는 원인은 크게 네 가지로 나누어 볼 수 있습니다.

첫째, 아이의 생활에 변화가 온 경우입니다. 어린이집에 다니게 되었다던가, 여러 날을 심하게 아팠다던가, 동생을 보게 되는 것처럼 이런저런 변화로 규칙적인 책읽기 진행이 어려워졌을 때가 그것이지요. 독서 또한 습관이라고 했을 때, 습관에 변화를 줄 만한 일들이 아이의 생활에서 일어나면 리듬이 끊기는 것은 당연할 것입니다.

특히 어린이집에 다니게 되는 것과 같은 큰 변화는 지금까지의 생활리듬에서 완전히 벗어나는 경우입니다. 아이 입장에서 보면 새로운 생활에 적응하느라 여러모로 힘들고 어려운 때이니 책을 읽고자 하는 심적인 여력이 부족한 것은 당연한 일일 것입니다. 이럴 때는 아이가 변화된 생활에 적응하고 기존의 리듬을 찾을 수 있도록 충분히 시간을 가지고 기다려줄 필요가 있습니다. 성급하게 아이를 재촉하는 것은 오히려 책읽기에 대한 부작용을 불러올 수 있으니까요. 그렇다고 해서 아이의 책 입맛이 돌 때까지 마냥 방치하라는 말은 아닙니다. 잠자리에서만이라도 한두 권씩 꾸준히 읽어줌으로써 책읽기의 즐거움을 완전히 잊지 않도록 배려해 주는 자세는 반드시 필요하며 또 중요합니다.

둘째, 부모의 욕심이 아이의 책읽기 속도를 지나쳤을 때입니다. 아이의 독서 패턴이 '시간차 반복기'에 들어서면, 부모의 마음은 난데없이 바빠집니다. 전에 비해 반복하는 횟수가 줄고, 새로운 책을 원하며 그 영역도 넓어지면서 이 책 저 책 읽혀보고 싶은 책들이 많아지게 되는 것이지요. 아이를 지원해 주겠노라, 구입하는 책의 양도 많아지며 도서관을 몇 군데씩 돌아가며 책을 빌려오기도 합니다. 그런데 넙죽넙죽 주는 대로 잘 받아 읽던 아이가 어느 순간부터 시들시들한 태도를 보이기 시작합니다. 채 읽지 않은 그림책들이 쌓여 있는데 아이는 마지못해 깨작깨작 읽거나 혹은 쳐다보지도 않는 것이지요.

이럴 경우 부모의 책읽기 진행이 아이의 책읽기 속도를 지나치지는 않았는지를 의심해 보아야 합니다. 분명 목적은 아이의 독서 패턴을 맞춰 주겠다는 생각이었는데, 어느 순간 부모의 책 욕심에 바리바리 책을 읽히려 하지는 않았는지 냉정해질 필요가 있다는 것입니다. 한창 입맛이 돌아 한 숟가락 그득하게 푹푹 잘 떠먹던 아이라도 미처 소화가 되기도 전에 가득 한 상을 또다시 차려준다면 척척 먹어줄 리가 없습니다. 책읽기도 마찬가지지요. 아무리 잘 읽는다 하여도 그 속도를 지나쳐 새로운 책을 자꾸만 권한다면 음식 체하듯 책 또한 체하기 마련입니다.

아이의 책읽기가 시들부들하다면, 혹 과하게 들여준 그림책들에 내 아이가 소화불량 증세를 보이는 것은 아닌지 생각해 보세요. 만약 그러하다면 부모의 욕심끈을 줄여보는 노력이 필요합니다.

셋째, 아이가 독서 진행의 과도기에 놓여 있는 경우입니다. 엄밀하게 말해서 이같은 경우는 독서 슬럼프라고 말하기는 힘이 듭니다. 그러나 부모는 혹여 슬럼프가 아닌가 착각할 수 있다는 점에서 같은 범주 안에 넣어 보았습니다. 그러나 분명 위의 두 가지 경우와 구별을 요한다 하겠습니다.

'앉은자리 반복기'를 거쳐 '시간차 반복기'로 접어들 때, 아이의 입에서 "또 읽어줘"라는 말을 듣기가 힘이 듭니다. 얼마 전까지도 마음에 드는 그림책이라면 앉은자리에서도 몇 번씩 반복하던 아이였는데 말이지요. 그럴 때 부모는 아이가 책을 안 읽는다고 생각하게 됩니다. 새 책을 사 주면 한두 번 재미나게 읽고 이후 잘 거들떠

보려 하지 않으니, 반복에 반복에 반복을 하던 전에 비해 안 읽는다는 느낌을 갖게 되는 것은 어찌 보면 당연합니다.

하지만 이것은 독서 패턴에 변화가 온 것이지 아이가 독서 슬럼프에 빠진 것은 아닙니다. 독서 슬럼프에 들어선 아이들은 입맛 도는 새 책에도 그다지 열렬한 반응을 보여주지 않습니다. 때문에 새로 사 주거나 빌려온 책은 그 자리에서 넙죽 읽되, 단지 여러 번 반복하지 않는다면 아이가 시간차 반복기에 들어선 것이라 이해할 수 있습니다. 이럴 때는 아이의 책 입맛을 유지해 갈 수 있도록 좀 더 다양한 책들을 읽히는 것이 해결 방법이 되겠습니다.

넷째, 그림책 육아를 진행하다 보면 눈만 뜨면 책부터 찾아대는 폭풍 같은 시기를 맞이하게 됩니다. 그러나 부모의 인내심을 극도로 요구하는 이 시기가 영원히 지속되는 것은 아닙니다. 어느 시점을 기준으로 아침에 일어나도 그림책을 찾지 않게 됨으로써 녀석의 폭풍 같은 책읽기 시기는 끝이 나게 되는 것이지요.

그런데 부모에게는 폭풍 같은 책읽기 시기를 접을 무렵이 독서 슬럼프기로 느껴집니다. 그림책을 손에서 놓지 않던 아이가 어느 순간 책과 뚝 떨어져 있는 모습에 영 적응하기 힘든 것이지요. 그러나 이 또한 독서 진행상 겪게 되는 자연스러운 과정일 뿐 슬럼프로 이해할 문제는 아니라는 것입니다. 생각해 보세요. 아이가 일 년 열두 달을 오로지 책만 붙들고 있다면 그 또한 바람직하다 말할 수는 없지 않겠습니까?

위의 네 가지 경우가 아니더라도 아이의 책읽기는 분명 리듬을

탑니다. 유난히 책을 재미나게 잘 읽을 때가 있으며, 책보다는 다른 놀이에 심취해 있는 경우가 있지요. 그 놀이라는 것이 텔레비전이나 비디오 시청 또는 컴퓨터 게임과 같은 자극적인 것이 아니라면, 즐거운 놀이에 빠져 책읽기가 조금 뜸해지는 것을 걱정할 까닭은 없습니다.

이제 막 책읽기의 걸음마를 하고 있는 아이입니다. 때로는 종종종 앞만 보고 걸어갈 수도 있지만, 때로는 이것도 보고 저것도 보느라 걸음이 소금 늦춰질 수도 있습니다. 아이가 보는 것을 같이 바라봐 주면서 아이의 속도에 발을 맞추어 주는 것, 독서 슬럼프를 이겨내는 가장 현명한 방법이라 생각합니다.

33 유효적절 그림책 처방전

    아이를 키울 때 맞닥뜨리는 다양한 해결 상황에서 그림책의 도움은 의외로 쏠쏠합니다. 아이들은 자신과 비슷한 문제를 안고 있는 그림책 속 등장인물에게 보다 쉽게 감정이입을 한다고 합니다. 그림책 주인공이 다양한 방법으로 문제를 해결하듯이 자신의 문제 또한 씩씩하게 극복할 용기를 얻게 된다고 하지요. 배변 연습 중에 있는 아이에게도, 병원 소리만 나와도 대성통곡 목을 놓는 아이에게도, 이를 안 닦겠노라 황소고집을 부리는 아이에게도 그림책은 해결사 노릇을 톡톡히 담당해 줄 수도 있다는 것입니다. 그리고 보니 그림책이란 아이에겐 동병상련의 친구이면서 동시에 부모에겐 훌륭한 육아의 도우미가 되어 주기도 합니다.

    육아의 과정에서 누구나 한 번쯤 겪게 되는 문제 상황과 그에 대한 그림책 처방입니다. 요긴하게 써먹으시길.

배변 연습을 해야 할 때라면

🎈 **그림책 처방**

배변 연습이란 아이의 성장에서 훌륭히 치러내야 할 중요한 발달과업 중 하나입니다. 그러나 준비되지 않은 아이에게 무리하게 배변 연습을 시키는 것은 분명 경계해야 할 일이지요. 엄마와 아이 모두 즐겁고 자연스럽게 배변 연습을 할 수 있도록 그림책이 도와줄 수 있습니다. 배변 연습 중에 있는 아이에게도 좋지만, 그것과는 상관없이 읽어주어도 즐거워합니다. '똥'이라는 소재는 연령을 넘나들며 좋아하는 베스트 이야깃거리니까요.

《누구나 눈다》/ 고미 타로 글 · 그림
《응가하자 끙끙》/ 최민오 글 · 그림
《똥이 풍덩》/ 알로나 프랑켈 글 · 그림
《끄응끄응 응가해요》/ 기무라 유이치 글 · 그림
《혼자 쉬해요!》/ 캐런 카츠 글 · 그림

병원 가기를 싫어한다면

🎈 **그림책 처방**

병원에 가기 전 그림책을 읽어줍니다. 병원은 결코 무서운 곳이 아니라는 지식은 아이의 두려움을 한결 덜어줍니다. 또는 병원을 소재로 한 유쾌한 이야기를 읽어주는 것 역시 병원에 대한 두려움을 줄일 수 있습니다. 병원에 다녀온 후에 다시 한 번 읽어주어도 좋습니다. "봐라, 병원이란 네 생각만큼 무서운 것은 아니지?" 확인도장을 찍어줄 수 있기 때문이지요.

《악어도 깜짝 치과 의사도 깜짝》/ 고미 타로 글 · 그림
《다음엔 너야》/ 에른스트 얀들 글 · 그림

《종합병원》/ 호타카 쥰야 글 · 아라이 료지 그림

《예방주사 무섭지 않아!》/ 후카이 하루오 글 · 그림

《우리 같이 병원 가요》/ 비앙카 민퇴쾨니히 글 · 한스귄터 되링 그림

동생을 보게 되었거나 동생으로 인한 갈등을 겪는 아이라면

🎈 **그림책 처방**

출산을 앞두고 미리미리 읽어줍니다. 동생이 태어남으로써 아이의 생
활에 변화가 올 수 있음을 알려줄 수 있으며, 아이 또한 그림책을 통해
간접경험의 기회로 삼을 수 있습니다. 동생과의 갈등 중에 있는 아이에
게도 이 책들은 위안이 되어 줄 수 있습니다. 무엇보다 부모의 목소리
로 읽어주는 그림책이란, 동생으로부터 생채기 난 마음을 부모에게 콕
집어 이해받는다는 생각에 효과 빠른 연고처럼 스며들 것입니다.

《피터의 의자》/ 에즈라 잭 키츠 글 · 그림

《오늘밤 내 동생이 오나요?》/ 캐서린 월터스 글 · 그림

《달라질 거야》/ 앤서니 브라운 글 · 그림

《줄리어스, 세상에서 제일 예쁜 아기》/ 케빈 헹크스 글 · 그림

《엄마 찌찌가 싫어》/ 이소 미유키 글 · 그림

씻기 싫어한다면

🎈 **그림책 처방**

이 닦기 싫어하는 아이, 목욕하기 싫어하는 아이에게는 당근과 채찍 역
할을 할 수 있는 그림책들입니다. 씻지 않았을 때 생기는 문제 상황을
확실히 보여줌으로써 씻어야겠다는 경각심을 불러일으키며, 반대로 씻
는 것도 충분히 즐거울 수 있다는 사실을 깨달을 수 있도록 도와주는
것이지요.

《멍멍 의사선생님》 / 배빗 콜 글 · 그림

《이 닦기 싫어!》 / 차보금 글 · 방정화 그림

《충치 도깨비 달달이와 콤콤이》 / 안나 러셀만 글 · 그림

《목욕은 즐거워》 / 교코 마스오카 글 · 하야시 아키코 그림

《목욕은 정말 싫어!》 / 앰버 스튜어트 글 · 그림

잠자기 싫어한다면

💬 **그림책 처방**

유난히 잠들기를 힘들어하는 아이들이 있습니다. 그런 녀석들을 보고 있자면, 이 재밌는 놀거리들을 두고 잠을 자야 한다는 것이 분하고 억울해서 절대 잘 수 없노라며 버티는 것이 아닌가 싶기도 한데요, 이런 아이들에게는 포근한 분위기를 자아내는 잠자리 그림책을 읽어주는 것도 도움이 됩니다. 단, 실컷 읽어주었더니 나른한 것은 부모요, 아이는 더욱 눈을 말똥거리며 더 읽어 달라 졸라대는 부작용이 생길 수도 있다는 사실.

《잘 자요, 달님》 / 마거릿 와이즈 브라운 글 · 클레멘트 허드 그림

《이렇게 자볼까? 저렇게 자볼까?》 / 이미애 글 · 심미아 그림

《잠자는 책》 / 샬로트 졸로토 글 · 스테파노 비탈레 그림

《난 안 잘 거야》 / 헬렌 쿠퍼 글 · 그림

《쉿!》 / 민퐁호 글 · 홀리 미드 그림

유치원에 가게 될 아이라면

💬 **그림책 처방**

유치원에 가기 전부터 꾸준히 읽어줍니다. 단체생활이란 지금까지 아이의 삶에서 맞이하게 될 커다란 변화 중의 하나이며, 그것에 대한 막

연한 두려움을 이 책들을 통해 치유 받을 수 있습니다. 유치원 생활의 즐거움을 미리 맛볼 수 있으며 선생님이라는 낯선 존재에 대해서도 긍정적 이미지를 갖게 할 수 있는 책들이 좋습니다.

《우리 선생님이 최고야》/ 케빈 헹크스 글 · 그림
《처음 유치원에 가는 날》/ 스티브 메쩌 글 · 한스 빌헬름 그림
《유치원에 가는 날이에요》/ 마가렛 와일드 글 · 그림
《유치원에 처음 가는 날》/ 코린 드레퓌 글 · 그림
《싫어 싫어》/ 미레이유 달랑세 글 · 그림

두려움에 맞설 용기가 필요한 아이라면

🎈 **그림책 처방**

아이들이 맞닥뜨리는 두려움은 가지가지입니다. 엄마 없이는 잠시도 혼자 있을 수 없다는 아이, 깜깜한 것을 너무도 싫어하는 아이, 지나치게 부끄러움을 많이 타는 아이 등. 이 같은 아이들에게 자신과 비슷한 상황의 인물들이 등장하는 그림책을 읽어준다는 것은 두려움을 이겨내는 방법을 터득하게 하며 때로는 용기를 낼 수 있도록 격려해 주는 응원의 메시지와도 같습니다. 증상이 나타나면 수시 복용.

《모치모치 나무》/ 사이토 류스케 글 · 다키다이라 지로 그림
《어둠을 무서워하는 꼬마 박쥐》/ G.바게너 글 · E.우르베루아가 그림
《겁쟁이 빌리》/ 앤서니 브라운 글 · 그림
《생각만해도깜짝벌레는 정말 잘 놀라》/ 권윤덕 글 · 그림
《부끄럼 타는 아이 핼리벗 잭슨》/ 데이비드 루카스 글 · 그림

친구를 사귀고 싶은 아이라면

💭 **그림책 처방**

또래에게 부쩍 관심을 보이며 그들과 어울려 놀고 싶기는 한데 어떻게 접근해야 할지 모르는 아이들에게 권하는 책입니다. 자신의 마음을 쓸어주는 그림책을 읽는 경험은 이후 스스로를 치유할 목적으로 책을 이용할 줄 아는 현명한 아이로 자라게 해 줍니다.

《우리 친구하자》/ 쓰쓰이 요리코 글 · 하야시 아키코 그림

《피터의 편지》/ 에즈라 잭 키츠 글 · 그림

《외톨이 사자는 친구가 없대요》/ 나카노 히로카주 글 · 그림

《또르의 첫인사》/ 토리고에 마리 글 · 그림

《고양이는 나만 따라해》/ 권윤덕 글 · 그림

편식하는 아이라면

💭 **그림책 처방**

당근 싫어, 콩 싫어, 절대 절대 먹을 수 없노라 쇠심줄 고집을 가진 아이라면 왜 골고루 먹는 것이 필요한지에 대한 지식의 제공과 더불어 야채와도 충분히 친해질 수 있다는 즐거움을 경험토록 합니다. 식탁 앞에서의 백 번의 잔소리보다 한 권의 그림책이 때로는 더 효과적일 수도 있다는 사실. 식탁 예절에 관한 그림책도 함께 끼워 봅니다.

《피라미드 식당》/ 로렌 리디 글 · 그림

《편식쟁이 마리》/ 솔르다드 글 · 그림

《난 토마토 절대 안 먹어》/ 로렌 차일드 글 · 그림

《좋아질 것 같아》/ 이모토 요코 글 · 그림

《이기 공룡은 밥도 잘 먹는데요》/ 제인 욜런 글 · 미크 티그 그림

3장

그림책,
어떻게 확장할까?

34 독후활동으로 연계하라

 독후활동은 그림책의 즐거움을 확장시킵니다. 보고 듣는 차원에서의 정적인 즐거움을 넘어서 온몸의 감각을 활용한 동적인 즐거움을 맛볼 수 있기 때문입니다.《무지개 물고기》를 읽고 OHP필름과 유성매직을 이용해 멋진 무지개 물고기를 만들어 볼 수도 있으며,《구름빵》을 읽고 따끈따끈한 빵을 직접 만들어 먹는 재미까지 맛볼 수도 있습니다. 그뿐인가요?《야, 비 온다》를 읽었다면 여러 가지 악기로 빗소리를 흉내 내는 즐거움을 얻을 수도 있으며《곰 사냥을 떠나자》를 읽은 후 등장인물들의 행동을 몸동작으로 표현해 보는 놀이를 해 볼 수도 있습니다.

 전문가들에 따르면 이와 같은 과정에서 아이들은 창의력, 언어능력, 정서와 사회성 등이 발달될 수 있다고 합니다. 독후활동이란 단순히 즐거움의 확장을 넘어서는 효과를 볼 수 있는 교육적인 활동이라는 뜻이 되겠지요.

그뿐만이 아닙니다. 독후활동 자체가 그림책을 읽게 되는 일종의 동기 부여가 되기도 합니다. 독후활동의 즐거움을 여러 번 경험한 아이라면, 놀이를 하기 위해서라도 평소 손을 대지 않던 책을 즐겁게 읽습니다. 예를 들어 개구리 관련 자연관찰 책을 읽고 개구리를 만들어 볼 생각이라면, 별 수 없이 개구리 관련 자연관찰 그림책을 읽어야 합니다. 그러나 개구리를 만든다는 생각에 동기 유발이 한껏 된 아이는 평소 거들떠보지도 않던 개구리 그림책을 신나게 읽어내릴 수 있습니다. 더불어 이 같은 과정을 통해 미처 몰랐던 그림책의 재미를 깨우치는 계기가 될 수도 있다는 점에서 또 다른 의의를 가지게 된다 하겠습니다.

독후활동, 누구나 할 수 있다

독후활동의 교육적 가치를 잘 알고 있다 하더라도 엄마표로 진행하기가 결코 만만해 보이지 않는다고 합니다. 인터넷에 올라오는 다양한 독후활동들을 보면서 '나도 한 번쯤 따라해 볼까'라는 자극을 받지 않는 것은 아니지만, 쉽사리 행동으로 옮겨지지 않는 것이 또한 독후활동이라고 하지요.

무엇보다 사진에서처럼 멋들어지게 놀아주기 위해서는 미술이든 음악이든 해당 방면으로 전문적인 능력을 가지고 있어야 싶다고 합니다. 소질 없는 나에게 독후활동이란 넘지 못할 산이요, 그림 속의 떡처럼 느껴진다나요? 결국 어떤 독후활동을 보아도 이 엄마 참

대단하다 감탄하거나 때로는 능력 있는 엄마 만나지 못한 우리 아이가 안쓰러워 속상해하는 선에서 맥없이 그칠 뿐이라고 합니다.

단언하건대, 독후활동 누구나 할 수 있습니다. 물론 그 방면의 능력을 가지고 있다면 조금 더 수월하게 그리고 조금 더 체계적인 활동이 가능하겠지요. 그러나 엄마표 독후활동의 의의는 결과물의 세련됨이나 과정의 매끄러움이 아닌, 엄마와 함께 즐겁게 놀이를 한다는 사실 자체에서 찾을 수 있습니다. 단적인 예로 고등학교 졸업 이후 물감이라는 것을 만져본 적도 없는 제가 지금껏 딸아이와 함께 꾸준하게 독후활동을 해 올 수 있었던 데에는 그 방면의 특별한 재능을 가지고 있기 때문이 아닙니다. 저 또한 수많은 시행착오를 겪으며 배우고 깨우치고 있는 중이니 천방지축 어설프고 모자라기는 보통의 엄마들과 마찬가지라는 뜻이지요.

중요한 것은 일단 엄두를 내보는 것입니다. 따라하기 쉬워 보이는 만만한 독후활동을 택하여 무작정 시도부터 해 보는 것입니다. 한번 경험하고 나면 독후활동이라는 것이 생각보다 번거롭지 않으며, 생각보다 많은 시간이 걸리지도 않다는 것을 금세 깨달을 수 있을 테니까요. 그 과정을 반복하다 보면 독후활동, 별거 아니더라는 자신감까지 생깁니다. 더 나아가 나름의 노하우까지도 쌓을 수 있지요.

제가 농담처럼 하는 말이 있습니다. 독후활동을 통해 창의력이 발달하는 것은 아이뿐만이 아니더라고요. 무얼 가지고 어떻게 놀아줄까 시시때때로 고민을 하다 보니 엄마인 저의 창의력도 무럭무럭

자라는 것 같다고요.

독후활동, 놀아 주어야겠다는 마음만 있으면 누구나 함께할 수 있습니다.

독후활동, 어떻게 시작할까?

시간을 내어라

독후활동을 해 주고 싶어도 아이와 함께할 시간이 태부족하다고 합니다. 그러나 냉정하게 생각해 보면 시간이 부족해서라기보다는 마음의 여유가 부족해서인 경우가 사실에 더 가까울 것입니다. 독후활동을 하기 위한 아이의 집중력이란 길어야 20~30분. 그보다 길어지면 아이가 먼저 고개를 돌리고 말 것이니, 많은 시간을 요구하는 독후활동은 오히려 적합하지 않습니다.

내 아이를 위해 일주일에 20~30분의 시간을 내지 못하는 부모는 없을 것입니다. 시간이 없어서라는 말을 앞세우기보다 시간을 내어서라도라는 마음을 다잡는 것은 어떨까요?

따라하기부터 시작하라

독후활동의 방법을 잘 모르겠다면 차근차근 따라하기부터 시작하는 것도 좋은 시작법입니다. 그러기 위해서는 다른 사람의 독후활동을 열심히 참고하거나, 독후활동과 관련된 서적들을 구매하여 내 아이에게 적합한 놀이법을 골라보는 노력이 뒤따라야 합니다.

한 번 두 번 독후활동의 경험치가 쌓이다 보면 내 아이에게 적합한 나만의 놀이법들이 문득문득 떠오를 때가 있습니다. 그림책을 읽어 줄 때도 이 책으로 이렇게 놀아주면 참 좋겠다는 생각이 반짝이게 되며, 굴러다니는 상자와 페트병도 예사로 보이지 않게 되는 것이 지요.

때문에 멋들어진 결과물에 욕심을 부리기보다는 내 아이의 눈높이에 맞을 법한, 그리고 내가 충분히 소화할 수 있을 법한 놀이들을 야금야금 따라해 보는 것부터 시작해 보세요. 나도 몰랐던 내 안의 재능이 빛을 발할 수도 있습니다.

품앗이 독후활동을 하라

혼자만의 의지로 독후활동을 꾸준히 해 나가기 어렵다면 마음이 맞는 동지를 구하는 것도 도움이 됩니다. 저의 경우 딸아이 네 살 때부터 동갑내기 아들을 둔 이웃의 엄마와 품앗이 독후활동을 2년 가까이 했었던 것이 지금껏 독후활동을 해 올 수 있었던 힘이기도 합니다. 일주일에 한 번, 번갈아가며 독후활동을 준비해 왔기 때문에 큰 부담 없이 오랫동안 놀이를 함께할 수 있었지요.

단 품앗이 독후활동을 할 때는 무엇보다 함께할 엄마들끼리의 호흡이 중요합니다. 아무리 좋은 목적으로 모였다 하더라도, 마음이 맞지 않는다면 그 관계를 오랫동안 지속하기 어렵기 때문입니다. 품앗이 독후활동을 시작해 볼 생각이라면, 여러 가지 면에서 공통점이 있는 이웃을 찾는 것부터 시작해 보세요.

인터넷에 올려 자랑하라

마땅히 함께할 이웃이 없다면 인터넷을 도구 삼는 것도 좋은 방법입니다. 블로그나 미니홈피 등에 독후활동과 관련된 카테고리를 개설하거나, 독후활동 관련 카페에 가입하여 아이와 함께 놀이하는 모습을 열심히 올리는 것도 스스로에게 긍정적 자극이 됩니다. 타인들이 달아주는 칭찬어린 덧글은 독후활동에 대한 자신감을 북돋아줄 뿐 아니라, 그 자체만으로도 하나의 자극이며 때로는 채찍이 되기도 하니까요. 부연하자면 인터넷을 통해 만인에게 공개함으로써 좀 더 색다른 방법으로 좀 더 열심히 놀이를 해 주어야겠다는 자발적 의지를 다질 수 있습니다. 뿐만 아니라 슬쩍 게으름을 피우고 싶을 때에도 끊임없이 나를 자극하는 채찍과도 같은 역할을 톡톡히 해 준다는 것이지요.

아이에게도 시간을 주어라

독후활동을 하고자 할 때, 엄마의 의도대로 잘 따라오는 아이가 있는 반면 그렇지 못한 아이도 있습니다. 제가 많이 듣는 이야기 중의 하나가, "채윤이니까 그렇게 하는 거예요"라는 소리입니다. 우리 아이는 도무지 따라와 주지 않는 까닭에, 독후활동을 해 줄 수가 없다고도 합니다. 그럴 때마다 저는 이렇게 말합니다.

"채윤이와 독후활동을 처음 시작한 것이 30개월 즈음이었어요. 그 후로 6개월은 거의 저 혼자 했습니다. 녀석요? 옆에서 끼적끼적 조금 하는 듯하다가 저리로 도망가 다른 놀이에 빠져 있기 예사였죠.

저 혼자 만들고 붙이기를 6개월, 그제야 비로소 관심을 보이더군요."

단번에 흠뻑 빠져들지 않는다 하여 우리 아이는 이쪽으로 영 재미없어 하나 보다 쉽게 그만두지 마세요. 놀이의 재미를 깨우치기까지 아이에게도 시간을 주어야 하지 않겠습니까?

독후활동, 어떻게 놀아줄까?
결과물에 연연하지 마라

독후활동은 결과물보다도 놀이를 하는 그 과정 자체가 중요합니다. 어른의 잣대를 세워두고 아이가 그에 걸맞은 결과물을 내놓기를 바란다면 독후활동이란 더 이상 놀이가 아니겠지요. 부모의 역할이란 아이에게 놀이의 방법을 알려주며, 아이 혼자 하기 힘든 부분에 약간의 도움을 주면 끝이 납니다. 아이가 부모의 의도대로 따라오지 않는다 하여 억지로 끌고 가려 하거나, 아이의 손놀림이 미숙하다 하여 부모가 대신 해주려 한다면 오히려 안 해 주느니만 못한 독후활동이 됩니다.

또는 의도는 이러했으되 놀이 도중 아이가 저러한 방향으로 놀겠다고 하면 편안하게 따라가 주는 것도 괜찮습니다. 물론 놀이가 제 궤도에 오를 수 있도록 자연스럽게 아이를 유도한다면 좋겠지만, 여러 정황으로 보아 그것이 어렵다면 아이의 욕구를 받아들여 주는 너그러움이 필요합니다. 지나치게 목적의식을 강조하다 보면 아이의 생각이 자연스럽게 발현되기가 어려울 뿐 아니라, 오히려 아이의 생각싹을 잘라버리는 결과를 가져올 수 있으니까요.

잊지 마세요. 독후활동은 아이의 생각을 자유롭게 펼쳐 보이는 수많은 놀이 중 하나일 뿐이라는 것을요.

아이의 발달 단계를 고려하라

독후활동은 분명 아이의 발달 단계와 흐름을 같이 합니다. 아무리 좋은 놀이법이라고 해도 그것이 우리 아이의 발달 단계에서 소화하기 힘든 놀이라면 조금 미뤄 두는 것이 좋습니다. 또는 우리 아이에게 맞게 적당히 가감하여 진행하는 것이 바람직하겠지요.

"우리 아이는 독후활동을 싫어해요"라고 고민을 털어놓는 경우를 보면, 아이의 발달 단계에 맞지 않는 지나치게 높은 수준의 독후활동을 시도했기 때문인 경우가 많습니다. 이것은 이제 겨우 세발자전거 타고 있는 아이에게 두발자전거를 타보자고 권유하는 것과 마찬가지지요. 소화하기 어려운데 아이가 재미를 붙일 리가 없습니다.

예를 들어 보겠습니다. 스폰지 찍기 기법으로 알록달록 코끼리 엘머를 만들어 볼 요량으로 커다란 전지가 꽉 차도록 엘머를 그려놓고서, 이제 막 세 돌이 된 아이에게 그 큰 코끼리를 메워 보라고 합니다. 하지만 그것은 엄마의 욕심일 뿐이지요. 처음 얼마간이야 꽤나 흥미를 보이며 콕콕 찍어 보겠지만, 반도 채우지 않고 저리로 도망가 버릴 것은 분명합니다. 짧은 집중력도 집중력이거니와 물감으로 다 채웠을 때 멋진 그림이 나온다는 목적의식 자체가 없는 세 돌쟁이니까요. 이럴 때 "우리 아이는 미술놀이를 싫어해요"라고 성급히 판단 내리기에 앞서, 다음번에는 아이가 단번에 소화할 수 있는 분량으로 준비해야겠다고 마음을 바꾸는 것이 현명합니다.

아이마다 개성을 존중하라

놀이에 있어서도 아이의 개성은 뚜렷이 빛이 납니다. 몸으로 표현하는 독후활동을 좋아하는 아이도 있으며, 만들고 그리는 것을 좋아하는 아이가 있습니다. 반면 글로 써보기를 즐기는 아이도 있지요. 엄마표의 장점이란 내 아이의 특성에 딱 맞는 맞춤교육이 가능하다는 점입니다. 만약 만들고 그리는 것을 좋아하는 아이에게 글로 표현해 보는 방법을 자꾸만 시도한다면 아이는 독후활동 전반에 대해 시들한 감정을 갖게 될 것은 분명합니다.

독후활동을 처음 시작한다면 무엇보다 독후활동의 즐거움부터 깨닫게 하는 데 중점을 두는 것이 옳습니다. 재밌게 읽은 그림책으로 이렇게 재미나게 놀 수도 있다는 사실을 보여주는 것이지요. 그 즐거움이란 아이의 개성과 맞아떨어졌을 때 시너지 효과는 배가 될 것입니다. 예를 들어 몸으로 노는 것을 좋아하는 아이라면, 몸으로 놀아주기 좋은 그림책부터 활용에 들어가는 것이지요. 그림책에 등장하는 인물의 표정 따라하기, 행동 따라하기 등도 훌륭한 독후활동이 될 수 있습니다. 몸으로 충분히 놀았다면, 조금 더 욕심을 부려 등장인물의 표정을 관찰한 후 따라 그려보기도 할 수 있습니다. 몸놀이에 한창 흥이 난 아이는 그림 그리기에도 자연스럽게 흥을 보일 수 있습니다. 즉 놀이의 시작은 몸이었으되, 놀이의 끝은 그림 그리기로 나아갈 수 있다는 것입니다.

단번엔 이런저런 놀이를 다 해 보겠노라고 욕심을 부릴 것이 아니라, 아이의 개성과 취향을 고려한 독후활동을 시작으로 차근차근 놀이법을 확장해 나가보세요. 아이와 함께 놀 수 있는 시간은 앞으로도 많습니다.

다양한 도구, 기법을 준비하라

독후활동은 문학, 미술, 음악, 드라마 등 다양한 영역을 넘나들며 행할 수 있습니다. 그림책에서 그림의 역할이 갖는 중요성을 고려할 때, 그를 활용함에 있어서도 미술은 빼놓을 수 없는 독후활동이라 할 수 있습니다.

그림책에서 그림은 다양한 기법, 소재로 그려집니다. 그림책을 통한 아이들의 표현 욕구를 자극하기 위해서는 그림에 대한 이야기와 더불어, 다양한 도구들을 제공해 주는 것에 인색하지 말아야 합니다. 그리기 도구로서 크레파스, 색연필만 줄 것이 아니라 물감, 싸인펜, 유성펜, 붓펜, 연필, 하다못해 형광펜까지 아이가 그리고 놀 수 있는 것이라면 무엇이든 던져주는 것이지요. 수성펜이라도 굵거나 가는 다양한 종류의 수성펜을 툭툭 던져 줌으로써 아이가 그리는 것에 흥미를 잃지 않도록 합니다.

그림책의 다양한 기법을 따라해 보는 것도 즐겁습니다. 물감 찍기, 콜라주, 판화 등 다양한 기법으로 그려진 그림책을 읽고 그 기법을 따라하다 보면 그림 그리는 재미를 한층 신나게 맛볼 수 있습니다. 또한 크레파스, 물감을 중심으로 그리는 한정된 경험의 틀을 벗어나 다양한 방법을 동원해 자유롭게 자신을 표현할 수 있는 힘을 기를 수 있으며 더 나아가 미술작품을 이해할 수 있는 현명한 눈까지 갖게 되는 혜택까지 누릴 수 있습니다.

결과물을 자랑하라

독후활동의 결과물을 자랑하는 기쁨까지 누리게 해야 합니다. 부모 눈에는 여러모로 마땅치 않아 보이는 것이라 하더라도, 아낌없는 칭찬과 더불어 집 안 곳곳에 전시하거나 또는 가족들 앞에서 펼쳐 보이는 기회를 주어야 합니다. 흡족한 칭찬과 자랑스러운 전시물에 자신감이 충만한 아이는 다음의 독후활동을 기대할 것임은 분명한 일입니다. 그것 자체가 이미 훌륭한 동기 유발로 작용하여 이른바 자기주도적 학습으로 나아갈 수 있는 기초가 될 테지요.

반대로 아이가 보는 앞에서 그 결과물들을 쓰레기통에 버리는 행동은 강력하게 삼가야 합니다. 나름 공들인 결과물들이 부모로부터 하찮게 취급받는다는 생각에 아이는 상처 받을 것이 분명하니까요. 부모의 생각 없는 행동이 독후활동에 대한 아이의 흥미까지 잃게 만들 수도 있다고 한다면, 참으로 조심해야 할 부분입니다. 그렇다고 독후활동 결과물을 모두 보관할 수는 없는 일, 부득이하게 버려야 한다면 반드시 아이의 의사를 묻는 과정이 필요합니다. 아이로 하여금 자신이 존중 받고 있다는 생각을 깨닫도록만 한다면, 흔쾌히 승낙할 아이들이니까요.

딸아이의 독후활동 결과물로 저희 집은 깔끔할 날이 없습니다. 현관 입구부터 시작해서 방문이며 심지어 화장실까지도 녀석의 손길이 닿지 않은 곳이 없지요. 물론 깔끔하고 예쁘게 정돈된 집 모양새는 어느 정도 포기를 하셔야 합니다. 그러나 아이의 손길이 닿은 결과물만큼 훌륭한 인테리어 소재는 없다고 생각합니다. 아이의 존재감만으로도 집 안 가득 방글방글 생기가 넘치지 않던가요?

★엄마표 독후활동을 위한 참고서적

《책이랑 놀자》 / 김순옥, 한울림
《미술아, 놀자》 / 손정미, 한울림
《행복한 미술놀이》 / 김일태, 예경
《그림책과 놀아요》 / 이선주, 열린어린이
《뚝딱뚝딱 만들기 세상》 / 강석, 예경
《창의폭발 엄마표 만들기 놀이》 / 강영경, 로그인

35 자유연상 독서법으로
생각을 넓히자

　눈이 펑펑 오는 겨울날이었습니다. 꼼짝없이 집 안에 갇혀 한창
책읽기에 물이 오른 딸아이의 끝도 없는 요구를 들어주느라 입에서
단내가 폴폴 풍기는 하루였지요. 전래동화《선녀와 나무꾼》을 읽어
주던 중이었습니다. 산꼭대기 연못에서 목욕을 하는 선녀들 주위로
핀 연꽃 그림을 보던 딸아이, 퍼뜩 연꽃이 나오는 또 다른 그림책이
떠올랐다는군요. 책꽂이로 쪼르르 달려가 곧장《멋쟁이 개구리》라
는 책을 뽑아 옵니다.《선녀와 나무꾼》을 읽고 나서 이 책도 읽어 달
랍니다. 딸아이의 뜬금없는 연상은 여기서 끝나지 않았습니다. 개
구리 그림책이 계기가 되어 다음엔 거북이 그림책을, 그 다음엔 빨
판상어가 등장하는 그림책까지 단숨에 읽어 치웠습니다. 연꽃에서
비롯된 녀석의 연상이 꼬리에 꼬리를 물어 빨판상어에서 멈추게 된
것이죠. 얼핏 보아 서로 간에 전혀 연관성이 없어 보이는 책들임에
도 딸아이의 자유로운 연상 덕분에 굴비 꿰듯 엮어져 녀석의 머릿

속에 단숨에 털어 넣어졌습니다. 의도치 않게 자유연상 독서를 경험하게 된 하루였지요.

현재 읽고 있는 책과 관련된 자유로운 생각 이어가기를 통해 다음 책을 읽어나가는 자유연상 독서법은 책읽기를 보다 즐겁고 폭넓게 진행할 수 있다는 측면에서 매우 흥미로운 독서 방법이라고 할 수 있습니다. 연상은 그 어떤 것으로부터도 출발 가능합니다. 제 딸아이가 했던 것처럼 어느 페이지에 그려진 그림 하나가 연상의 출발점이 될 수도 있을 것이고, 현재 읽고 있는 그림책의 작가, 소재, 주제, 또는 그림의 기법 등 생각의 꼬리를 이어나갈 수 있는 것이라면 그 어느 것도 가능할 것입니다.

이참에 우리도 한번 자유연상 독서법을 해 볼까요? 오늘 집어든 책은 갓 구운 빵처럼 따뜻한 《구름빵》이라고 합시다. 《구름빵》을 읽고 나서 떠오르는 그림책이 무엇이 있으신가요? 저는 환상적인 상상력이 독자의 눈을 단숨에 사로잡는 데이비드 위스너의 《구름 공항》이 떠오르는군요. 《구름 공항》을 읽고 나자, 그의 작품이 한 번 더 읽고 싶어졌습니다. 이번에는 하늘에서 무지무지 커다란 야채들이 떨어진다는 자못 황당한 상상력의 《1999년 6월 29일》을 읽어야 겠습니다. 하늘에서 거대한 야채들이 떨어진다고요? 퍼뜩 떠오르는 그림책 한 권. 바레트 부부가 쓰고 그린 《하늘에서 음식이 내린다면》. 삼시 세끼, 하늘에서 맛난 음식이 떨어진다는 꿀꺽씹어 꿀꺽마을의 이야기를 안 읽고 넘어갈 수야 없지요. 꿀꺽씹어 꿀꺽마을이라고 하니 불현듯 《씹지않고 꿀꺽벌레는 정말 안 씹어》의 유머러

스가 그립습니다. 그 다음에는 또……

꼬리에 꼬리를 무는 자유연상 독서법은 무엇보다 평면적 책읽기가 아닌 입체적 책읽기를 할 수 있다는 점에서 긍정적 가치를 매겨 볼 수 있습니다. 이 과정을 통해 어린 독자는 좀 더 흥미롭게 그림책에 접근할 수 있을 것이며, 스스로의 연상을 통한 자기 주도적인 책읽기가 가능해집니다. 뿐만 아니라 그동안 읽어 왔던 다양한 그림책들을 나름의 기준을 가지고 한 줄로 꿰어 봄으로써 사고의 확장을 꾀할 수도 있을 것입니다. 그뿐인가요? 툭툭 떠오르는 생각을 통해 책을 선택해 나가다 보면 장르에 구애됨이 없이 다양한 종류의 책읽기를 할 수 있다는 장점도 있습니다.

자유연상 독서법은 어린 월령의 아이보다는 책읽기의 경험이 어느 정도 쌓여 연상의 고리를 다양하게 이어갈 수 있을 정도의 독서력을 지닌 아이에게 사용하는 것이 더욱 효과적일 것입니다. 아이의 독서력에 따라 그 수위를 조절해 주는 것은 역시 부모의 몫일 테지요. 예를 들어 별 어려움 없이 척척 생각을 이어나가 주는 아이도 있을 터이고, 경우에 따라 부모의 주문을 조금 어려워하는 아이도 있을 것입니다. 그럴 때 무리하게 아이의 연상을 강요한다면 오히려 아이는 책읽기를 고되게 느낄 수도 있겠지요. 책읽기가 끙끙 머리 싸매고 풀어야 할 수학문제처럼 느껴진다면 곤란하지 않겠습니까? 아이가 방법을 몰라 어려워한다면 부모가 조금씩 생각의 끈을 이어가도록 도와주는 것도 괜찮습니다.

이해를 돕기 위해 아이와 함께 하는 자유연상 독서법의 구체적

예를 들어 보도록 하겠습니다.

읽은 그림책 : 《세상에서 가장 큰 여자 아이 안젤리카》
　　　　　　　앤 이삭스 글, 폴 젤린스키 그림
부모 질문 ①
　"이 그림은 체리나무와 은행나무에 그렸다고 했지? 나무에 그림을 그렸다니까 엄마에게 떠오르는 또 다른 그림책이 있네. 천사, 파도 날개, 풀 날개, 햇살 날개…….."
　아이 대답 : "아, 알았다! 《천사의 날개》. 맞지?"

부모 질문 ②
　"안젤리카는 세상에서 가장 큰 아이래. 그러면 우리는 반대로 세상에서 가장 작은 아이를 떠올려 볼까? 세상에서 가장 작은 아이에는 누가 있을까?"
　아이 대답 : "음, 엄지공주!" (또는, 주먹이, 엄지동자, 작아씨 등)

　질문 ①과 ②는 연상의 초점이 다르긴 합니다마는 질문의 방식면에서도 차이를 보이고 있습니다. 질문 ①은 상당히 구체적이며 그에 반해 질문 ②는 좀 더 포괄적이라고 할 수 있지요. 자유연상법을 어려워하는 아이라면 ①과 같이 물을 수 있을 것이며 수월하게 생각의 꼬리를 물어내는 아이라면 ②와 같이 물을 수 있을 것입니다.
　정리해 보자면, 구체적 책 제목을 쉽사리 툭 던져주는 것보다는 아이가 스스로 연상할 수 있도록 아이의 독서력에 맞는 적절한 힌트를 제공해 주는 것이 좋습니다. 물론 책 한 권에서도 연상 가능한 항목은 다양할 터이니 위의 것은 그야말로 일례일 뿐이지요.

마치 수수께끼를 푸는 듯한 재미를 겸해서인지 아이들은 자유연상 독서법을 아주 흥겨워합니다. 그러나 아이의 즐거움을 극대화하기 위해서는 자유연상 독서법에서도 부모의 욕심은 금물입니다. 조금 더 읽히고 싶더라도 딱 재밌게 읽을 수 있을 만큼(결국은 아이가 원하는 만큼)에서 연상의 고리를 끊어야겠지요.

자유연상 독서법은 특히나 부모가 진행하기에 유리한 독서법이라 할 수 있습니다. 아이가 읽은 책목록을 꿰뚫고 있는 부모는 아이가 연상해 낼 수 있는 범주의 그림책을 누구보다 잘 알고 있기 때문이지요. 부모이기 때문에 유리한 독서법이라면 으쓱거리며 시도해 볼 만도 하지 않습니까?

그러고 보면 그림책을 즐기는 방법은 참으로 다양합니다. 그림책 자체가 주는 즐거움도 즐거움이지만 그것을 어떻게 즐기느냐의 방법적 다양성은 부모의 작은 아이디어에서도 비롯될 수 있습니다. 가끔 부모는 아이디어쟁이가 될 필요가 있을 듯합니다.

36 친구관계가 중요해지는 시기, 그림책으로 친구 만들기

딸아이가 여섯 살 무렵, 낡은 프로젝터 하나가 손에 들어오게 되었습니다. 오래 묵어 상태가 그다지 훌륭하지는 못했지만, 아쉬우나마 영화관 분위기를 내기에는 괜찮을 정도였지요. 프로젝터를 본 순간, 딸아이의 친구들을 불러 모아 정기적으로 그림책 영화를 상영해 보아야겠다는 생각이 들었습니다. 그림책의 즐거움을 많은 아이들과 나누고픈 마음도 마음이었지만 한창 또래 친구를 찾는 딸아이를 위함도 컸습니다.

광목을 끊어 커다란 스크린을 만들고, 딸아이와 함께 영화관 팸플릿과 초대장, 입장권도 만들었습니다. 영화관 이름도 멋들어지게 지었습니다. '꿈이활짝 작은영화관'이라고.

상영하는 영화는 소장하고 있던 그림책 비디오를 주로 했습니다. 더불어 여럿이 함께 보면 더욱 재미있을 법한 그림책을 선정하여 한 장 한 장 카메라로 찍은 후, 장면을 넘어가며 읽어주기로 했습니다.

친구들을 초대한다는 생각만으로 딸아이의 얼굴에는 준비하는 내내 웃음이 떠나지 않습니다. 이렇게 만든 팸플릿과 초대장을 친구네 집 우편함에 배달까지 하는 즐거움은 그야말로 덤이라 할 수 있지요.

약속된 시간에 맞추어 '꿈이활짝 작은영화관'에 친구며 동생들이 하나둘 모여듭니다. 딸아이의 역할은 극장 매표원입니다. 친구들이 가져온 입장권을 싹둑 잘라주고 적당한 자리를 안내해 주는 것이지요.

영화 상영은 나름 순조롭습니다. 컴컴한 분위기를 못 견뎌 울며 나가는 동생도 있고, 조금이라도 긴장되는 장면이 나오면 엄마 품에 매달려 차마 눈을 못 뜨는 친구도 있으며, 몇 분 엉덩이 붙이고 있는 듯하다 금세 흥미를 잃고 장난감을 가지고 노는 친구도 있지만 그래도 모두 즐겁습니다. 집으로 돌아가는 아이들의 얼굴에 반짝반짝 웃음이 매달려 있는 것을 보면 말이지요.

영화 상영이 있는 날, 딸아이의 목소리는 한 톤 높아지며 평소보다 세 배쯤은 과장된 웃음을 웃습니다. 별것 아닌 장면에도 떼굴떼굴 배를 잡고 뒹구는 것은, 우리 집에 친구들이 놀러 왔다는 즐거움 때문으로 보입니다. 무엇보다 영화 상영이라는 멋진 놀거리까지 준비되어 있으니 제 딴에는 은근히 뿌듯하기까지 하는 모양입니다. 게다가 시키지 않았음에도 간식거리를 동생들에게 챙겨 주거나 작은 것에도 배려하려는 태도를 보이는 것은 영화관 주인장으로서의

역할을 인지하고 있음을 뜻하겠지요. 바라는 바이기도 하지만, 그
와 같은 딸아이의 행동이 집 밖에서의 또래관계에서도 긍정적 영향
을 미칠 것이라는 사실에는 의심할 여지가 없을 것입니다.

　세 돌이 넘어서면 아이들은 또래와 어울려 놀기를 즐기기 시작합
니다. 놀이터며 공원에 나갔을 때, 비슷한 또래에게 먼저 눈길을 돌
리며 그 무리에 끼어 함께 놀아보고자 하는 것을 흔히 볼 수 있지요.
6~7세 정도가 되면 학교와 사회에 대한 관심이 증가하면서 친구관
계는 더욱 중요해지기 시작합니다. 단짝친구의 개념과 함께 또래집
단에 대한 소속의 욕구도 강해진다 하겠습니다.

　딸아이 또한 예외 없이 비슷한 사회성 발달 과정을 밟고 있습니다.
그런 아이를 위해 친구들을 초대하고 그들과 함께 즐겁게 놀 수 있
는 환경을 제공해 줌으로써 녀석의 욕구를 충족시켜 줄 수 있을 것
입니다. 무엇보다 친구들과 즐겁게 놀 수 있는 수백 가지 방법들 중
하나가 그림책일 수도 있다는 사실은 그림책에 대한 긍정적 인식을
더욱 튼튼하게 만들어 줄 것입니다. 어린 시절, 좋은 친구들과 함께
좋은 그림책을 즐기는 경험은 평생 책을 가까이하고 즐기는 자세를
갖게 되는 데 나름의 기여를 할 것도 분명합니다.

　아이가 친구를 필요로 하는 나이가 되어 간다면, 그림책을 적극
활용해 친구를 만들어 주세요. 프로젝터가 없어도 괜찮습니다. 일
주일에 한 번 혹은 한 달에 한 번, 여럿이 함께 읽으면 더 재밌을만
한 책들을 골라 아이의 친구들에게 읽어주는 자리를 정기적으로 가
져보는 것은 어떨까요? 구연이 조금 어설프면 어떻습니까? 여럿이

둘러 앉아 먹는 음식이 더 맛있듯이, 여럿이 둘러앉아 함께 보는 그림책도 참으로 맛있습니다. 더구나 읽어주는 이가 '우리 엄마'라는 사실은 아이의 작은 어깨를 으쓱거리게 합니다. 눈을 반짝이며 더욱 열심히 듣는 내 아이의 모습을 확인할 수 있지요.

조금 욕심을 부린다면 아이와 함께 작은 초대장이나 입장권을 만들어 보기를 권해 드립니다. 그것 자체가 이미 훌륭한 독후활동이기도 하지만 무엇보다 부모가 일방적으로 준비하는 자리가 아닌 아이 또한 주체적으로 참여할 수 있는 기회를 마련해 준다는 점에서 의의가 있을 것입니다. 더불어 머리 맞대고 초대장을 만드는 시간 동안 부모와 아이는 돈독한 유대감까지 형성할 수 있으니 말 그대로 도랑 치고 가재 잡는 격이라 할 수 있습니다.

여기서 끝이 아닙니다. 이처럼 또래와 함께 읽는 그림책도 충분히 즐거울 수 있다는 경험이 반복되면 집에 놀러 온 친구들과 둘러앉아 자연스럽게 책을 나누어 읽는 모습을 목격할 수 있게 되지요.(누가 시키지도 않았음에도!) 서로 번갈아 한 줄씩 읽어 보기도 하고 재미있는 책을 골라서 바꾸어 보기도 하는 등 친구와 그림책 읽기란 소꿉놀이, 병원놀이와 마찬가지인 재미있는 놀이 중 하나가 된다는 것입니다.

한 달에 한두 번쯤 우리 집을 그림책 놀이터로 개방해 보세요. 아이에게 행복한 친구들이 생깁니다.

37 국어사전을 곁에 두어라

대개 3~5세의 유아들은 다른 사람이 전달하고자 하는 내용을 자신이 이해하지 못했다는 사실을 인식하지 못하는 경우가 많다고 합니다. 즉 이 시기의 아이들은 자신이 듣는 말에서 모호한 정보를 찾아내고 이를 해결하는 능력이 부족하다는 것입니다. 그림책을 읽어줄 때, 분명 녀석의 이해력 범주를 벗어나는 단어임에도 그 의미와 관련된 질문을 하는 경우가 별로 없는 아이들을 보면 이 말에 끄덕끄덕 공감하게 됩니다.

그러나 만 6세를 전후하면서 자신이 듣는 말에서 모호한 정보를 찾아내고 이를 해결하려는 움직임이 활발하게 일어납니다. 곧 단어의 의미에 관한 질문이 눈에 띄게 많아지기 시작하는 것이지요. 지금까지 수도 없이 읽어준 책이었음에도 단어의 의미에 대해서는 한 번도 궁금해 하지 않던 아이가 어느 순간 이 단어가 무슨 뜻이냐는 질문을 새삼스럽다 싶게 쏟아놓는 것입니다. 이건 무슨 뜻이야? 저

건 무슨 뜻인데? 요건 무슨 뜻이지?

국어사전, 왜 필요할까?

아이가 단어의 의미에 관심을 보이기 시작하면 국어사전을 들여줄 때가 되었음을 뜻한다 하겠습니다. 아이의 질문마다 부모가 정성껏 대답해 주는 것에는 분명 한계가 있습니다. 아이의 눈높이에 맞는 어휘로 조곤조곤 풀어 설명을 해 준다는 것은 생각보다 쉬운 일이 아닌 까닭입니다. 그렇다고 하여 얼렁뚱땅 넘어갈 수는 없는 노릇이며 그리해서도 곤란하겠지요. 아이의 호기심을 존중할 뿐만 아니라 녀석의 어휘력을 신장시키며 부모의 고됨은 줄이자는 차원에서도 국어사전은 필수가 될 수밖에 없는 것입니다.

그러나 영어 단어의 의미를 사전을 통해 꼼꼼히 찾아보는 것에는 익숙해도 모르는 우리말 어휘를 사전을 통해 찾아보는 것에는 별 필요성을 느끼지 못하는 것이 현실입니다. 국어를 가르치는 직업상 많은 학생들을 만나다 보면, 적극적으로 국어사전을 이용하는 학생들을 보기란 쉽지 않습니다. 잘 모르는 단어라 하더라도 정확한 의미를 캐내기보다는 문맥을 통해 얼추 이해하는 것으로 설렁설렁 넘어가려는 것이지요. (그에 반해 영어 단어에 대해서는 얼마나 집요하던가요?) 짐작하겠지만 이런 방식으로는 정확한 어휘 구사를 할 수가 없으며 이후 고급의 독서를 해 나가기에도 어려움이 따를 수밖에 없습니다. 어휘력이 부족한데 깊이 있는 독서를 진행한다는 것은 손바닥만한 집시에 앙동이만큼의 물을 남아 보셌노라는 것과 다를 바가 없으니까요.

어휘에 대한 아이의 질문에 성실한 답을 주고자 하는 기본적 취지 이외에도 국어사전 사용이 필요한 이유를 여기에서 찾을 수 있습니다. 앞서 언급한 대로 한 단계 높은 독서력으로 올라서기 위해서는 필히 한 단계 높은 어휘력의 문을 통과해야 합니다. 국어사전은 국어의 어휘를 보다 풍부하고 유연하게 하며 어휘의 사용 범위를 넓히는 데 중요한 구실을 합니다. 그 결과 더욱 정확하고 세련된 언어를 시기적절하게 사용할 수 있게 되며, 이를 통해 한 단계 높은 고급의 독서력을 갖추게 되는 것입니다.

대개의 아이들이 만 6~7세를 전후해서 만화책의 세계에 빠져들기 시작합니다. 공교롭게도 이 시기는 그림책에서 스토리의 힘이 더 강해지는 문고로 서서히 넘어가는 시점과 맞물리는 때이기도 합니다. 그러나 많은 아이들이 한번 만화책에 빠지면 문고로 옮아가는 것을 힘겨워합니다. 부모들은 만화책 이외의 다른 책들은 거들떠보려고도 하지 않는 아이들 때문에 고민거리를 쏟아놓기 시작하는 것도 바로 이 무렵부터이기도 하지요.

이처럼 아이들이 만화책에 열광하는 이유 중 중요한 하나는 어휘력의 부족을 꼽을 수 있습니다. 만화책에 쓰이는 어휘라는 것이 쉽고 간단한 일상어가 주를 이루는 까닭에 설령 어휘력이 조금 부족하다 하더라도 이해함에 큰 어려움이 없습니다. 반면 문고는 글밥과 페이지의 많고 적음이라는 문제를 떠나 사용된 어휘력의 수준이 이전에 비해 한층 높아집니다. 턱턱 마주치는 어려운 단어들을 해결하지 않고서는 더 나은 독서력을 얻기란 힘이 듭니다. 그러나 그 해결 과정이라는 것이 힘들고 어려운 까닭에, 아이는 고민 없이 수월한 만화책으로 주저앉을 수밖에 없는 것이지요.

　문제는 만화책만 읽어서는 고급의 독서 단계로 올라설 수 없다는 점입니다. 풍부한 어휘력을 바탕으로 독서력을 튼튼하게 갖춘 아이들은 만화책도 읽지만 만화책만 읽지는 않습니다. 결국 한 단계 높은 어휘력을 갖춘 아이는 그 단계에 걸맞은 책을 읽어냄으로써 다시 더 높은 어휘력을 갖추게 될 것이며, 그렇지 못한 아이는 매양 비슷한 어휘력의 언저리를 맴돌고 있을 것입니다. 빈곤의 악순환이란 표현이 떠오르는 대목입니다.

　아이의 어휘 창고가 풍성하고 튼튼하려면 한창 단어의 의미를 궁금해 하기 시작하는 시기를 유효적절하게 이용해야 합니다. 질문에 대한 성실한 대답을 얻은 아이는 이후에도 낯선 단어와 마주치면 질문 던지기를 잊지 않을 것입니다. 반면 답을 얻지 못하는 부정적 경험이 반복된 아이는 이후 질문을 해야겠다는 의지마저도 사라져 버리게 될 것입니다. 물어봐야 시원스럽게 얻지 못하는 대답, 몰라도 그냥저냥 넘어가게 되는 것이지요. 아이의 질문 의지를 불태우게 하는 데에도 국어사전은 효과적인 도우미 역할을 해 줄 수 있습니다. 국어사전을 곁에 두어야만 하는 이유가 더욱 명백해질 수밖에요.

　국어사전이 필요한 이유를 발등의 불처럼 좀 더 현실적이며 직접

직인 이유에서도 찾아볼 수 있습니다.

초등학교 저학년의 독서란 교과서라는 내용과 의미 위주의 글읽기로 진행이 됩니다. 어떤 이는 그것을 눈과 귀로 감상하는 책이 아니라 마음과 머리로 읽어야 하는 책이라고도 했습니다. 그만큼 지금까지의 독서 패턴과는 달라진 양상을 띠게 된다는 것이지요. 내용과 의미 위주의 글읽기가 어느 한순간 이루어지는 것이 아니라고 했을 때, 취학전기의 독서 또한 일정 부분 초등 교과 과정에 대한 적절한 준비 차원에서도 진행이 되어야 할 것입니다. 때문에 아이가 모르는 단어와 마주치면 국어사전을 통해 정확한 의미와 사용처를 파악하고 넘어가는 것은 다시 필수가 되는 것이지요.

국어사전, 어떻게 활용할까?

그러나 국어사전이란 구입해 놓는 것만이 능사는 아닙니다. 시시때때로 찾아볼 수 있어야만 사전으로서의 역할을 제대로 수행하는 것이지요. 독서의 기본적 성격이 그러하듯이 국어사전을 항상 끼고 필요할 때마다 찾아보는 것도 습관이요, 그러한 습관을 얻기 위해서는 노력이 필요합니다.

저희 집에서 국어사전은 아이의 눈에 띄는 곳, 언제든 손이 닿을 만한 곳에 늘 놓여 있습니다. 부피가 크고 무거워서 책꽂이에 꽂아 놓았을 경우 아이가 혼자 꺼내어 보기가 어려운 이유도 있지만, 책을 읽다 궁금한 단어가 있을 때마다 손쉽게 찾아볼 수 있도록 배려

한 까닭입니다. 그래서인지 딸아이는 오며가며 사전 들여다보기를 즐거워합니다. 궁금한 단어가 있어서가 아니더라도 사전을 휘휘 넘기며 맘에 드는 부분을 만나면 탐독을 하는 것이지요. 딸아이가 별 생각 없이 저에게 단어의 뜻을 물으면 일부러 국어사전을 찾아보도록 종용합니다. 자꾸 찾아보는 경험이 반복되어야 습관이 들게 마련이니까요.

아이 혼자 사전 찾는 것을 힘들어한다면 스스로 찾을 수 있을 때까지 부모와 함께 찾아보는 것도 좋습니다. 사전 찾는 것을 영 어려워하는 아이라면 부모와 함께 단어 찾기 게임을 해 보는 것도 재미있습니다. 먼저 찾았다 하더라도 아이를 위해 슬그머니 기다려주는 센스는 기본입니다. 무엇보다 사전의 필요성과 유용성, 그리고 그 즐거움을 아이가 느끼게 하는 것이 취학전기 아이들에게 당장 중요한 일이니까요.

마지막으로 하나 더, 사전을 찾아보고도 이해를 못하는 경우는 당연히 다시금 꼭꼭 씹어 아이의 입에 떠넣어 주는 세심함도 필요합니다. 그림책 육아에 있어 부모란 손님의 입맛과 소화력까지 꼼꼼하게 챙기는 친절한 요리사가 되어야 합니다.

"엄마, '치사하다'가 무슨 뜻이야?"

"사전을 찾아볼래?"

"찾긴 했는데 그래도 무슨 말인지 잘 모르겠어."

"그래? 어디 한번 볼까?

치사하다 : 말이나 행동이 하찮은 것에 얽매여 좀스럽고 쩨쩨하다.
〈사탕 한 알 가지고 되게 치사하게 구네.〉

　친구가 사탕을 많이 가지고 있어. 그래서 내가 한 알만 달라고 했
더니, 친구가 안 주는 거야. '싫어, 너도 사먹으면 되잖아!' 이러면서.
그럴 때 네가 할 수 있는 말이 '치사하다'야. '사탕 한 알 가지고 되
게 치사하게 구네.' 이렇게 말이지."
　"아하, 그렇구나."
　아이의 눈높이에 맞는 국어사전을 준비해 주세요. 그리고 궁금한
단어와 마주치면 사전에게 도움을 청하도록 해 보세요. 아이의 언
어가 깊어지고 넓어집니다.

38 자연과 교감하는 아이, 전래동요를 불러주자

옛 아이들에게 자연이란 그 자체로 거대한 놀이터였습니다. 종일을 자연 속에서 뛰놀며 자연의 감성을 고스란히 전해 받았을 것이니, 자연이란 체험과 학습의 대상이 되어버린 오늘날의 아이들이 쫓아가기에는 버거운 감성의 소유자들이 옛 아이들이었을 테지요.

자연 속에서 아이를 키우는 것의 좋은 점을 익히 알고 있는 요즘의 부모들은 주말이면 아이의 손을 잡고 들로 산으로 나가는 것을 의무로 삼기도 합니다. 그러나 아이들을 자연 속에 덜렁 던져 둔다고 하여 그들이 자연과 호흡하기를 즐거워하는 것은 아닙니다. 풀과 나무와 곤충을 지천에 두고도 그들과 어떻게 놀아야 할지를 몰라 심심해를 연발하는 아이를 보면 자연은 곧 아이들의 친구라는 말이 무색해지기도 합니다. 애써 데리고 나왔더니 자연보다는 컴퓨터 게임이, 텔레비전이 더 좋다는 데는 할 말이 없습니다.

아이들이 자연 속에서 시큰둥한 반응을 보이는 데에는 이유가 있습니다. 부모 어릴 적을 떠올려보세요. 새까매지도록 앞뒷산을 뛰어다니며 놀 적에 항상 우리의 놀이를 이끌어주는 이웃의 언니 오빠들이 있었습니다. 잠자리를 붙잡기 위해서는 어떻게 해야 하는지, 방아깨비를 잡아서는 어떻게 데리고 노는지, 토끼풀 반지는 어떻게 만드는지 줄줄이 꿰고 있는 그들을 쫓아다니다 보면 하루해가 짧았습니다.

그러나 오늘날의 아이들에게는 자연과 함께 노는 법을 미주알고 주알 가르쳐주는 언니 오빠들이 없습니다. 자연과 어떻게 놀아야 하는지를 모르는데, 자연이 마냥 놀이터처럼 느껴질 리가 있나요? 차라리 그네에 미끄럼틀이 있는 아파트 놀이터만 못하다는 볼멘소리가 나오는 것은 당연해 보이기까지 합니다.

아이들이 자연과 호흡할 수 있는 방법을 가르쳐주고 싶다면 전래동요를 불러주세요. 자연과 전래동요라니 의아하고 뜬금없다 싶을 수 있습니다. 그런데 전래동요가 무엇이던가요? 놀면서 부르던 옛 아이들의 노래입니다. 그렇다면 옛 아이들에게 노래란 어떤 의미였을까요? 그들에게 노래란 곧 삶이었습니다. 옛 아이들은 놀면서 노래 불렀으며 노래를 부르며 놀았으니 놀이가 곧 삶인 아이들에겐 노래 또한 삶일 수밖에 없는 것이지요.

옛 아이들은 보고 듣고 느끼는 모든 것을 노래로 만들어 불렀습니다. 방아깨비를 붙잡아 뒷다리를 잡고서도 아이들은 노래를 부릅니다.

"아침 방아 찧어라. 저녁 방아 찧어라."

엉덩이에 불을 밝히고 날아다니는 개똥벌레를 잡기 위해서도 노래는 필수입니다.

"개똥벌레 똥똥 개똥벌레 똥똥

우리집에 불 없다 어서 와서 불켜라."

다시 말해 전래동요를 안다는 것은 옛 아이들의 놀이를 안다는 것입니다. 옛 아이들의 놀이터가 자연이라고 했을 때, 전래동요를 안다는 것은 자연에서 노는 법을 알게 된다는 의미이기도 한 것이지요. 뜬금없고 생뚱맞아 보이던 소리의 아귀가 들어맞는 것 같습니까? 그러나 문제는 부모 세대조차도 전래동요에 대한 많은 기억들을 가지고 있지 못하다는 데 있습니다. 불러 주고 싶어도 아는 노래가 없다는 것이지요. 이쯤이면 전래동요 그림책이 절실하게 필요해집니다. 전래동요가 교육적 가치를 인정받아 유치원이나 학교 교육으로 수용되면서 전래동요 그림책 또한 활발하게 출판이 되고 있습니다. 전래동요 여러 편을 모아놓은 묶음 그림책부터 전래동요 한 수로 이루어진 그림책, 기존의 전래동요를 모티프로 삼아 새롭게 창작한 그림책까지 그 형태는 다양합니다. 이 중 자연물과 즐겁게 어울리는 과정에서 불리던 노래들은 전래동요 묶음 그림책에서 주로 접할 수 있습니다. (전래동요의 종류는 매우 다양합니다. 자연물을 대상으로 한 놀이노래는 전래동요 중에서도 많은 비중을 차지하는 하나의 유형일 뿐입니다.)

요즘 출판되는 전래동요 그림책은 전래동요를 잘 모르는 부모를 위한 배려를 잊지 않고 있습니다. 노래의 사설은 기본이요, 노래와 함께 행하는 놀이법까지도 그림을 곁들여 상세하게 설명해 주기도 합니다. 더불어 노래 CD를 그림책과 묶어 출판하는 경우가 많아서 한두 번만 들어도 흥겹게 따라 부를 수 있습니다. (오랜 세월의 단절은 문제가 되지 않습니다. 전래동요가 녀석들을 위한 노래인지를 단박에 알아채고 귀신같이 따라 부르는 아이들이거든요.) 즉 전래동요 그림책은 아이들을 즐겁게 하는 것은 물론이거니와, 전래동요를 잘 모르는 부모에게는 지침서로의 역할을 훌륭히 해 주고 있다 하겠습니다.

더불어 이렇게 배운 노래를 놀이 실전에서 써먹어 보는 것은 그야말로 깨소금 맛입니다. 잠자리를 잡겠노라 치뛰고 내리뛰는 딸아이와 함께 노래를 부릅니다.

"잠자리 꽁꽁 꼼자리 꽁꽁

이리 오면 산다 저리 가면 죽는다."

노래는 놀이를 더욱 즐겁게 합니다. 마트에서 저렴하게 살 수 있는 잠자리채로 훌쩍훌쩍 낚아채기만 하면 되는 잠자리 잡기와는 비교도 안 될 흥겨움이 생깁니다.

축축한 풀숲에서 달팽이를 발견했다면 이런 노래로 흥을 돋웁니다.

"하마 하마 춤춰라 하마 하마 춤춰라

느그 할애비 개똥밭에 장구 치며 논다

요 뿔내고 춤춰라 저 뿔내고 춤춰라."

뿔같이 생긴 더듬이를 느릿느릿 젓고 있는 달팽이가 노래에 맞춰 춤을 추는 듯합니다. 달팽이라는 작고 보잘 것 없는 자연물과도 너무도 예쁘게 교감하는 아이들의 마음이 엿보이는 노래입니다.

공터에서 자라는 호박넝쿨에 호박꽃이 조랑조랑 피었습니다. 보고 지나치면 놀이가 아닙니다. 여기서도 놀이는 노래에서 비롯됩니다.

"호박꽃을 따서는 무얼 만드나

우리 아기 조그만 촛불 켜주지."

호박꽃에서 아기를 위한 촛불을 떠올리는 노래는 그대로가 시입니다. 노래를 부르는 딸아이의 얼굴에도 푸릇푸릇한 생기가 도는 듯합니다.

전래동요에는 자연과 만나는 아이들만의 시각과 감수성이 녹아 있습니다. 그 노래를 따라 부르다 보면 차가운 콘크리트 사이에서 살고 있는 우리 아이들에게도 오랜 시간 자연 속에서 다져온 옛 아이들의 감수성이 그대로 전달이 됩니다. 즐겁게 놀면서 감수성까지 자랄 수 있다면 이처럼 좋은 놀이법이 어디 있을까요?

자연과 교감하는 아이로 키우고 싶으세요? 그렇다면 오늘 전래동요 그림책 한 권 구입해 보는 것은 어떨는지요?

★추천, 전래동요 묶음 그림책

《우리 할아버지가 꼭 나만 했을 때》/ 주경호, CD 없음

《전래 놀이동요》/ 삼성출판사, CD 있음

《전래동요》/ 아이즐북스, CD 있음

《두껍아, 두껍아, 노래를 다오》/ 전래동요, DVD 있음

그림책이 아이를 키운다

"채윤아, 책이 좋으니?"

"응, 좋아."

"왜 좋은데?"

"재밌잖아."

우문(愚問)에 현답(賢答)을 해 주는 딸아이를 보며 생각합니다. 짧은 네 인생에서 그림책이란 도대체 어떤 의미일까?

딸아이에게 그림책은 '소망하는 꿈'입니다.

발레리나가 되겠노라 꿈을 부풀리고 있는 딸아이의 보물책은 이치카와 사토미의 《꼬마 발레리나 타냐》시리즈. 그림책을 보며 춤을 추고, 춤을 추다가 그림책을 읽고……. 딸아이는 타냐와 같은 꿈을 꿉니다. 딸아이는 곧 타냐입니다.

딸아이는 그림책에서 꿈에 대한 소망과 그리움을 경험합니다.

딸아이에게 그림책은 '용기가 되는 지식'입니다.
딸아이의 코에서 쉽없이 코피가 흐릅니다. 덩어리져 쏟아지는 피를 보고 당황한 것은 오히려 엄마. 정작 딸아이는 침착하기 그지없습니다. 고개를 뒤로 젖혀보는 것이 어떻겠냐는 엄마 말에 딸아이는 또박또박 대답합니다.
"《응급처치》책에서 코피가 나면 고개를 젖히지 말랬어."
솜으로 코를 막고 앉은 녀석, 야규 겐이치로의 《응급처치》책을 꺼내듭니다.
딸아이는 그림책에서 용기가 되는 지식을 배웁니다.

딸아이에게 그림책은 '보듬어 주는 위안'입니다.
가고 싶노라 노래를 부르던 어린이집이건만 한동안 그 생활이 쉽지만은 않았을 딸아이입니다. 친구 때문에 힘들어도 해야 하고, 유난히 잦아진 감기 때문에 몸도 아파야 하니까요. 그래도 제 속마음 시원스럽게 표현하지 못하는 아이가 기대는 것은 그림책, 아침마다 《공룡유치원》시리즈를 읽습니다. 아마도 녀석은 어린이집 생활의 어려움을 이 책을 통해 위안 받는 모양입니다.
딸아이는 그림책에서 녀석의 감정에 어깨동무를 해 주는 따뜻한 위안을 얻습니다.

딸아이에게 그림책은 '생생한 대리만족'입니다.

웃음 많은 딸아이지만 말괄량이는 못 됩니다. 집 안을 온통 뒤죽박죽으로 만들고 싶은 마음이야 어찌 없겠습니까마는 녀석 안의 이성은 의외로 단단합니다. 그런 딸아이,《말괄량이 엘로이즈》시리즈에 배꼽을 놓습니다. 엘로이즈가 벌이는 거칠 것 없는 행보에 딸아이는 환호를 보냅니다. 책을 읽는 동안 녀석의 마음도 딱 엘로이즈의 그것에 옮겨져 있는 모양입니다. 엘로이즈가 온몸으로 누리는 천방지축의 자유로움을 딸아이는 오로지 눈과 머릿속으로 누리는데도요.

딸아이는 그림책에서 화끈한 대리만족을 경험합니다.

딸아이에게 그림책은 '고개가 끄덕여지는 공감'입니다.

집 앞 마트에 처음으로 심부름을 다녀온 날, 딸아이는 엄마가 부탁한 두부 한 모만 달랑 사들고 왔습니다. 녀석 먹을 과자 한 봉지는 까맣게 잊어버리고 말입니다. 긴장의 여운이 채 가시지 않은 얼굴로 딸아이는 그림책부터 꺼내듭니다. 하야시 아키코의《이슬이의 첫 심부름》. 우여곡절 끝에 우유 한 통을 사들고 오는 이슬이에게 녀석은 두부 한 모를 사 오던 자신의 감정을 몰아넣습니다. 마트로 향하는 그 길에서 딸아이는 내내 이슬이를 떠올렸을지도 모릅니다.

딸아이는 그림책에서 끄덕끄덕 공감의 즐거움을 얻습니다.

요즘 들어 감정의 기복이 심해지고 전에 없이 눈물이 많아지는 딸아이가 다시금 읽어보고 싶노라 찾아대는 그림책이 있었습니다. 어떤 감정을 갖느냐는 너의 마음먹기에 달렸다고 위로해 주는 책, 넌 그럴 수 있을 만큼 충분히 강하다며 용기를 주는 책,《출렁출렁 기쁨과 슬픔》이 그것이었지요. 코를 박고 책을 읽는 딸아이를 보며 깨닫습니다. 아, 녀석은 책을 통해 마음을 치유 받고 싶었구나. 지금 스스로에게 필요한 그림책이 어떤 것인지를 녀석은 본능처럼 알고 있었구나.

생각해 봅니다. 본능처럼 보이는 녀석의 행동이지만, 그 이면에는 그림책을 통한 치유와 공감이라는 경험이 차곡차곡 쌓여 왔기 때문이라는 것을요. 그림책을 통해 꿈을 꾸고, 때로는 용기와 위안을 받고, 대리만족과 공감의 기쁨을 경험한 그 하루하루가 모여 마음에게 필요한 그림책 처방전을 유효적절하게 내릴 수 있을 만큼 되었다고요.

딸아이에게 그림책이란 부모가 미처 쓰다듬어 주지 못하는 마음 끝을 도닥도닥 보듬어 주는 존재입니다.

그림책이 딸아이를 키웁니다.

연령별 추천 그림책과 그림책 육아법 (0~2세)

장르	추천 그림책	본문 참고
창작	《곰돌이 아기 그림책》 / 웅진주니어	
	《기차》 / 비룡소	
	《꾸벅 인사놀이》 / 웅진주니어	
	《끄응끄응 응가해요》 / 중앙출판사	
	《난 자동차가 참 좋아》 / 비룡소	
	《네버랜드 헝겊그림책》 / 시공주니어	
	《노란 잠수함을 타고》 / 시공주니어	
	《누가 내 머리에 똥 쌌어?》 / 사계절	
	《누구 그림자일까?》 / 보림	
	《누구야?》 / 창비	
	《뭐하니?》 / 천둥거인	
	《다음엔 너야》 / 비룡소	
	《달님 안녕》 / 한림출판사	
	《동물들은 왜 옷을 입지 않아요?》 / 지양어린이	
	《두드려 보아요》 / 사계절	p.79
	《똥이 풍덩》 / 비룡소	p.85
	《무늬가 살아나요》 / 돌베개어린이	p.89
	《무엇이 무엇이 똑같을까?》 / 보림	p.94
	《배꼽손》 / 한울림어린이	p.108
	《비행기》 / 비룡소	p.115
	《사과가 쿵!》 / 보림	p.124
	《사과야 빨리 익어라》 / 사계절	p.196
	《싹싹싹》 / 한림출판사	
	《썰매를 타고》 / 사계절	
	《아기 오리는 어디로 갔을까요?》 / 비룡소	
	《아기 토끼 날개책》 / 베틀북	
	《야, 비 온다》 / 보림	
	《우리 아기 간질간질》 / 와이즈아이	
	《응가하자, 끙끙》 / 보림	
	《입이 큰 개구리》 / 미세기	
	《초롱초롱아가맘 동물헝겊책》 / 어린이작가정신	
	《촉감 놀이책》 / 애플비	
	《코코코》 / 웅진주니어	
	《타세요 타세요》 / 여우고개	
	《혼자 쉬해요!》 / 중앙출판사	
	《화물열차》 / 시공주니어	

장르	추천 그림책	본문 참고
지식정보	《가족123》 / 초방책방	
	《꼬물꼬물 곤충》 / 비룡소	
	《나무에서 보아요》 / 마루벌	
	《누구나 눈다》 / 한림출판사	
	《동물관찰 그림책》 / 한림출판사	
	《또르르 팔랑팔랑 귀여운 곤충들!》 / 중앙출판사	
	《무당벌레야 무당벌레야 멀리 멀리 날아라》 / 어린이중앙	
	《뭐야뭐야 사계절 아기 그림책》 / 사계절	
	《사과와 나비》 / 보림	p.79
	《세밀화로 그린 보리 아기 그림책》 / 보리	p.85
	《씨앗은 어디로 갔을까?》 / 어린이중앙	p.89
	《알록달록 동물원》 / 시공주니어	p.94
	《알, 알이 123》 / 아이즐북스	p.108
	《우리 몸의 구멍》 / 천둥거인	p.115
	《움직여 봐!》 / 웅진주니어	p.124
		p.196
운문	《나처럼 해봐요, 요렇게!》 / 보림	
	《물고기가 좋아》 / 보림	
	《붙아붙아》 / 사파리	
	《술술 말놀이1》 / 다섯수레	
	《아기시 그림책》 / 문학동네	
	《이렇게 자볼까? 저렇게 자볼까?》 / 보림	
	《잘 자요, 달님》 / 시공주니어	
	《잘잘잘 123》 / 사계절	
	《잠자는 책》 / 풀빛	

241

연령별 추천 그림책과 그림책 육아법 (3~4세)

장르	추천 그림책	본문 참고
창작	《거인 아저씨 배꼽은 귤배꼽이래요》 / 한림출판사	
	《겁쟁이 빌리》 / 비룡소	
	《곰 사냥을 떠나자》 / 시공주니어	
	《괴물들이 사는 나라》 / 시공주니어	
	《구룬파 유치원》 / 한림출판사	
	《구름빵》 / 한솔수북	
	《구리와 구라의 빵 만들기》 / 한림출판사	
	《그건 내 조끼야》 / 비룡소	
	《깜박깜박 잘 잊어버리는 고양이 모그》 / 보림	
	《꼬마 비행기 플랩》 / 어린이작가정신	
	《난 안 잘 거야》 / 곧은나무	
	《난 토마토 절대 안 먹어》 / 국민서관	
	《내 인형이야》 / 보림	p.97
	《내 머리가 길게 자란다면》 / 한림출판사	p.103
	《냄새차가 나가신다》 / 아이세움	p.132
	《넌 내 멋진 친구야》 / 중앙출판사	p.136
	《노래하는 볼돼지》 / 길벗어린이	p.140
	《노란 스웨터》 / 사파리	p.143
	《달라질 거야》 / 아이세움	p.148
	《도서관 생쥐》 / 푸른날개	p.182
	《도서관에서 처음 책을 빌렸어요》 / 보물창고	p.191
	《도서관에 개구리를 데려갔어요》 / 보물창고	p.203
	《또르의 첫인사》 / 베틀북	
	《똥떡》 / 사파리	
	《마녀 위니》 / 비룡소	
	《마니 마니 마니》 / 보림	
	《마빡이면 어때》 / 청어람미디어	
	《멋쟁이 미장원 놀이》 / 달리	
	《목욕은 즐거워》 / 한림출판사	
	《목욕은 정말 싫어》 / 베틀북	
	《바무와 게로 오늘은 시장 보러 가는 날》 / 중앙출판사	
	《바무와 게로의 하늘 여행》 / 중앙출판사	
	《바바빠빠》 / 시공주니어	
	《병원에 입원한 내 동생》 / 한림출판사	

장르	추천 그림책	본문 참고
창작	《부릉부릉 자동차가 좋아》 / 보물창고	
	《비가 오는 날에》 / 보림	
	《순이와 어린 동생》 / 한림출판사	
	《쉿!》 / 곧은나무	
	《심심해서 그랬어》 / 보리	
	《싫어 싫어》 / 웅진주니어	
	《아기 공룡은 밥도 잘 먹는대요!》 / 꼬마Media2.0	
	《아기 공룡이 감기에 걸렸대요!》 / 꼬마Media2.0	
	《아무도 모를 거야 내가 누군지》 / 보림	
	《아빠의 손》 / 보림큐비	
	《악어도 깜짝 치과 의사도 깜짝》 / 비룡소	
	《엄마 찌찌가 싫어》 / 아이세움	
	《에밀리의 토끼 인형》 / 웅진주니어	
	《예방주사 무섭지 않아》 / 한림출판사	p.97
	《오늘밤 내 동생이 오나요?》 / 웅진주니어	p.103
	《외톨이 사자는 친구가 없대요》 / 한림출판사	p.132
	《요정이 될 테야》 / 지경사	p.136
	《우리는 벌거숭이 화가》 / 천둥거인	p.140
	《우리 친구하자》 / 한림출판사	p.143
	《유치원에 가는 날이에요》 / 중앙출판사	p.148
	《이 닦기 싫어》 / 삼성출판사	p.182
	《이자벨라의 리본》 / 풀빛	p.191
	《종합병원》 / 제삼기획	p.203
	《좋아질 것 같아》 / 문학동네어린이	
	《집 나가자 꿀꿀꿀》 / 웅진주니어	
	《짧은 귀 토끼》 / 고래이야기	
	《책이 정말 좋아!》 / 큰북작은북	
	《처음 유치원에 가는 날》 / 크레용하우스	
	《천사의 날개》 / 소년한길	
	《청개구리 민이》 / 은하수미디어	
	《크릭터》 / 시공주니어	
	《포크레인 빌리》 / 행복한아이들	
	《피터의 의자》 / 시공주니어	
	《피터의 편지》 / 비룡소	
	《해골이 딸꾹》 / 문학동네어린이	
	《헤어드레서 민지》 / 상출판사	

장르	추천 그림책	본문 참고
지식정보	《개구리의 낮잠》 / 시공주니어	
	《겨울눈아 봄꽃들아》 / 한림출판사	
	《구멍, 무슨 구멍?》 / 아이즐북스	
	《꼬리가 하는 일》 / 한림출판사	
	《날개를 기다리며》 / 베틀북	
	《네버랜드 과학 그림책》 / 시공주니어	
	《따뜻한 그림백과》 / 어린이아현	
	《딸기》 / 한솔수북	
	《딸기 한 포기》 / 돌베개어린이	
	《똥은 참 대단해!》 / 웅진주니어	
	《멍멍 의사 선생님》 / 보림	
	《모자 쓰고 인사해요》 / 보림	
	《바다에서 태어났어요》 / 다섯수레	
	《버뮤다 바다 속 바다》 / 마루벌	p.97
	《생명을 꿈꾸는 씨앗》 / 웅진주니어	p.103
	《생명이 숨쉬는 알》 / 웅진주니어	p.132
	《설빔》 / 사계절	p.136
	《IQ똑똑 공구놀이》 / 삼성출판사	p.140
	《입이 똥꼬에게》 / 비룡소	p.143
	《진짜 커다란 빛그림책》 / 한솔수북	p.148
	《콩》 / 한림출판사	p.182
	《통통이의 엉덩이》 / 진선출판사	p.191
	《풀밭에서 만나요》 / 다섯수레	p.203
	《하마는 엉뚱해》 / 웅진주니어	
	《한지돌이》 / 보림	
운문	《길로 길로 가다가》 / 창비	
	《넉 점 반》 / 창비	
	《우리 아이 말 배울 때 들려주는 동시》 / 삼성출판사	
	《생각이 예뻐지는 동시》 / 깊은책속옹달샘	
	《말놀이 동시집》 / 비룡소	
	《침 튀기지 마세요》 / 고슴도치	
	《나팔 불어요》 / 길벗어린이	
	《놀이동요》 / 아이즐북스	
	《노래하고 춤추는 동요동화》 / 삼성출판사	
	《퐁퐁 샘나는 놀이동요》 / 깊은책속옹달샘	
	《우리 할아버지가 꼭 나만 했을 때》 / 보림	
	《전래 놀이동요》 / 삼성출판사	

연령별 추천 그림책과 그림책 육아법 (5~7세)

장르	추천 그림책	본문 참고
창작	《강아지똥》 / 길벗어린이	
	《개구리 한 마리》 / 곧은나무	
	《공원에서 일어난 이야기》 / 삼성출판사	
	《구름 공항》 / 중앙출판사	
	《길 잃은 도토리》 / 청어람미디어	
	《꼬마 돼지 도라는 발을 동동》 / 주니어김영사	
	《꼬마 발레리나 타냐》 / 현암사	
	《꿈꾸는 윌리》 / 웅진주니어	
	《낸시는 멋쟁이》 / 국민서관	
	《도서관》 / 시공주니어	
	《도서관에 간 사자》 / 웅진주니어	
	《동물친구들은 열기구를 왜 탔을까?》 / 마음길어린이	
	《루시의 작지 않은 거짓말》 / 애플비	
	《말괄량이 기관차 치치》 / 시공주니어	
	《맥도널드 아저씨의 아파트 농장》 / 미래아이	p.152
	《멋진 뼈다귀》 / 비룡소	p.164
	《모치모치 나무》 / 어린이중앙	p.167
	《무지개 물고기》 / 시공주니어	p.172
	《바부시카의 인형》 / 시공주니어	p.215
	《부끄럼 타는 아이 핼리벗 잭슨》 / 아이즐북스	p.220
	《샌지와 빵집 주인》 / 비룡소	p.224
	《생각만해도깜짝벌레는 정말 잘 놀라》 / 재미마주	p.231
	《세상에서 가장 큰 여자 아이 안젤리카》 / 비룡소	
	《손 큰 할머니의 만두 만들기》 / 재미마주	
	《수잔네의 봄 여름 가을 겨울》 / 보림큐비	
	《시간 상자》 / 베틀북	
	《씹지않고꿀꺽꺽벌레는 정말 안 씹어》 / 재미마주	
	《야, 우리 기차에서 내려》 / 비룡소	
	《어둠을 무서워하는 꼬마 박쥐》 / 비룡소	
	《어처구니 이야기》 / 비룡소	
	《언제까지나 너를 사랑해》 / 북뱅크	
	《엄마, 난 이 옷이 좋아요》 / 재미마주	
	《엄마의 의자》 / 시공주니어	
	《엘로이즈》 / 예꿈	
	《우리 마을 멋진 거인》 / 웅진주니어	
	《우리 선생님이 최고야》 / 비룡소	

장르	추천 그림책	본문 참고
창작	《은지와 푹신이》 / 한림출판사	
	《이슬이의 첫 심부름》 / 한림출판사	
	《줄리어스, 세상에서 제일 예쁜 아기》 / 킨더랜드	
	《짝꿍 바꿔주세요!》 / 웅진주니어	
	《1999년 6월 29일》 / 미래아이	
	《천둥 케이크》 / 시공주니어	
	《충치 도깨비 달달이와 콤콤이》 / 현암사	
	《친구랑 싸웠어》 / 시공주니어	
	《페페, 가로등을 켜는 아이》 / 열린어린이	
	《하늘에서 음식이 내린다면》 / 토토북	
지식정보	《갈릴레오 갈릴레이》 / 시공주니어	
	《개구리가 알을 낳았어》 / 다섯수레	
	《개구리논으로 오세요》 / 천둥거인	
	《개미가 날아 올랐어》 / 다섯수레	
	《갯벌에서 만나요》 / 보리	p.152
	《그림 보는 아이》 / 비룡소	p.164
	《나의 봄 여름 가을 겨울》 / 베틀북	p.167
	《너랑 나랑 뭐가 다르지?》 / 비룡소	p.172
	《내셔널 지오그래픽 자연대탐험》 / 중앙출판사	p.215
	《놀라운 과학 음악회》 / 대교출판	p.220
	《다 콩이야》 / 보리	p.224
	《무대 위의 마법 발레》 / 시공주니어	p.231
	《불과 소방관》 / 아이세움	
	《사람은 다 다르고 특별해》 / 미세기	
	《살아있는 모든 것들》 / 문학과지성사	
	《새들아 어디 사니?》 / 비룡소	
	《샘의 신나는 과학》 / 시공주니어	
	《선인장 호텔》 / 마루벌	
	《숨 쉬는 항아리》 / 보림	
	《신나는 우주탐험 우주선》 / 시공주니어	
	《씨앗도감》 / 진선출판사	
	《엄마가 알을 낳았대》 / 보림	
	《우리 같이 병원 가요》 / 주니어김영사	
	《응급처치》 / 비룡소	
	《일과 도구》 / 길벗어린이	
	《젖의 비밀》 / 한림출판사	

장르	추천 그림책	본문 참고
지식정보	《진짜 얼마만 했을까요》 / 마루벌	
	《출렁출렁 기쁨과 슬픔》 / 아이세움	
	《풀꽃친구들》 / 바다어린이	
	《피라미드 식당》 / 미래아이	
	《편식쟁이 마리》 / 시공주니어	
운문	《개구리네 한솥밥》 / 보림	
	《나비가 날아간다》 / 미세기	
	《초코파이 자전거》 / 비룡소	
	《가랑비 가랑가랑 가랑파 가랑가랑》 / 사계절	
	《전래동요》 / 아이즐북스	
	《두껍아 두껍아 노래를 다오》 / 청어람주니어	
	《풀아 풀아 애기똥풀아》 / 푸른책들	p.152
옛이야기	《거미 아난시》 / 열린어린이	p.164
	《까막나라에서 온 삽사리》 / 초방책방	p.167
	《나이팅게일》 / 웅진주니어	p.172
	《당나귀 공주》 / 베틀북	p.215
	《도깨비와 범벅장수》 / 국민서관	p.220
	《룸펠슈틸츠헨》 / 베틀북	p.224
	《미녀와 야수》 / 베틀북	p.231
	《백설공주와 일곱 난쟁이》 / 비룡소	
	《엄지공주》 / 느림보	
	《엄지동자의 모험》 / 비룡소	
	《주먹이》 / 웅진주니어	
	《줄줄이 꿴 호랑이》 / 사계절	
	《청개구리야 왜 울어?》 / 곧은나무	
	《콩쥐 팥쥐》 / 시공주니어	
	《팥죽 할멈과 호랑이》 / 시공주니어	
	《해님 달님이 된 오누이》 / 마루벌	
	《호랑이 뱃속 잔치》 / 사계절	
	《해치와 괴물 사형제》 / 길벗어린이	

본문에 소개한 그림책을 포함한 각 연령별 추천 그림책들을 묶어
보았습니다. 그림책의 난이도를 무 자르듯 톡 잘라 특정 연령에
끼워 넣는 것은 참으로 어려운 일입니다. 이 책이라면 세 돌쟁이
도 읽을 만하지만 네 돌, 다섯 돌 아이도 충분히 재미나게 읽을
수 있을 터인데, 고민에 고민을 거듭해야만 하는 것이지요. 때문
에 위에 소개된 책들이 소속된 연령이란 절대적 수치가 될 수 없
다는 말씀을 드립니다. 아이의 소화력을 보아가며 구매의 기준
으로 삼아주시기 바랍니다.